U0189482

蓝色革命

反击海洋塑料，寻明天的答案

（Alberto Pagliarino）（Nadia Lambiase）（Paolo Piacenza）
［意］阿尔贝托·帕利亚里诺　纳迪娅·兰比斯　保罗·皮亚琴察 ◎ 著
［意］贝尼（Benni）◎ 绘　吴菡　徐屹 ◎ 译

中国科学技术出版社
·北　京·

图书在版编目（CIP）数据

蓝色革命：反击海洋塑料，寻明天的答案 /（意）阿尔贝托·帕利亚里诺，（意）纳迪娅·兰比斯，（意）保罗·皮亚琴察著；（意）贝尼绘；吴菡，徐屹译．— 北京：中国科学技术出版社，2022.8

ISBN 978-7-5046-9745-5

Ⅰ．①蓝… Ⅱ．①阿… ②纳… ③保… ④贝… ⑤吴… ⑥徐… Ⅲ．①塑料垃圾—影响—海洋生物资源—研究 Ⅳ．① X145

中国版本图书馆 CIP 数据核字（2022）第 146994 号

策划编辑	申永刚　陆存月	**责任编辑**	申永刚
封面设计	创研设	**版式设计**	蚂蚁设计
责任校对	张晓莉	**责任印制**	李晓霖

出　　版	中国科学技术出版社
发　　行	中国科学技术出版社有限公司发行部
地　　址	北京市海淀区中关村南大街 16 号
邮　　编	100081
发行电话	010-62173865
传　　真	010-62173081
网　　址	http://www.cspbooks.com.cn

开　　本	880mm × 1230mm　1/32
字　　数	85 千字
印　　张	4.125
版　　次	2022 年 8 月第 1 版
印　　次	2022 年 8 月第 1 次印刷
印　　刷	北京盛通印刷股份有限公司
书　　号	ISBN 978-7-5046-9745-5/X · 148
定　　价	69.00 元

目录

引言　一次性经济

作者　奥利维罗·蓬特·迪·皮诺（Oliviero Ponte di Pino）

问题与答案

虽然你此时捧在手里的这本书看起来似乎与其他书并无二致，但书中独一无二的故事使其与众不同，值得给大家讲一讲。

这是一本漫画书，同时也是一份倡议书；它是一份对经济与生态关系的思考，是一场演出，是一群朋友的冒险，是一个推出应用软件的初创公司，更是一个有关循环经济的项目……

在封面上，你肯定看到了本书的一位作者——阿尔贝托·帕利亚里诺的名字。他曾是剧院的一名演员和导演，但却有开创另外一番事业的想法和魄力。于是他放弃剧院的工作，放弃那些我们认为光鲜亮丽的东西，比如宏伟的建筑、迷人的音乐、炫彩的舞台灯光、充满魅力的角色，以及剧院蕴含的所有魔力。

是什么让他改变了主意呢？好奇心、想象力、寻变之需、愤慨之情、帮助之意、公民意识、政治热情……总之，所有这些能点燃青年男女热情的动机也会随着年龄的增长而消逝。

同我们大家一样，阿尔贝托也有些没想明白的问题。2008年爆发的严重的世界金融危机，引发了自1929年以来最严重的经济衰退，其中缘由却没人能够将它说清道明。2019年我们意识到海洋里充斥着塑料，而且不光是海洋和沙滩，我们的胃、我们的肺里也有塑料微粒，有同样遭遇的还包括我们的动物朋友们。怎么会这样呢？为什么我们还不明白其实是人类的一些行为正在破坏地球呢？

就算我们并不愿相信这个说法，但仍有责任去了解它。当我们面对一个复杂问题时，越是简单的答案就越是不能让我们满意，因为我们不知道它是否是错误的，所以我们才得去研究它。

从一群会计师中冒出的小丑

“我出生在一个会计师家庭，兄弟也是从经贸专业毕业的”，阿尔贝托回忆说，“我就是家里的那匹‘害群之马’。从DAMS专业[①]毕业后我去了剧院工作，从此我就被两个不同的方向拉扯着。在家里，我沉浸在数字、科学思想和复式记账法[②]的氛围之中。但同时我又是一个喜剧演员：我扮过小丑，现在做单口喜剧，就是站在咖啡馆或卡巴莱[③]等公共场所，尽我所能地逗大伙笑。十年前的某一天，我在报纸上读到了‘信贷紧缩’一类的表述，还看到了《危机：谁是罪魁祸首》这种标题的文章。当时我完全看不懂，感

① 全称“Discipline delle arti, della musica e dello spettacolo”，艺术、音乐和表演学科。——译者注

②复式记账法是指对每一笔经济业务都要以相等的金额,同时在两个或两个以上相互联系的账户中进行登记的记账方法。——译者注

③ 提供歌舞表演的餐馆或酒吧。——译者注

觉就像是有人在给我讲一个没头没尾的故事。但应该要有人把这种故事讲出来，因为它重要。后来我开始查找资料，阅读相关书籍，还向朋友寻求过解答，直到某一刻我告诉自己：要是连我都能搞明白的话，那所有人都能搞明白了。但我不想让观众觉得自己是在看电视新闻或者科学节目这类让人觉得索然无趣的东西……所以我把我的漫画形象融入这个故事中，想着这样可以让故事讲得更接地气，也更受欢迎！”

“用戏剧的方式来讲述一场影响了多数国家、摧毁了数以百万计人的生活的真实的社会现实，我只侧重于真实，因为我不需要去考虑什么戏剧性，它本身就有。演出结束时人们总是会走过来对我说：‘这场表演让我大受震撼。’我们希望生活是部喜剧，喜剧使我们远离悲剧。只可惜现实太过强大，它有吞噬性，因此最终统统以悲剧收场。”

团队简介

聊完演员阿尔贝托之后，我再来向大家介绍团队中的其他成员。

首先介绍跟阿尔贝托自幼相识的专家纳迪娅·兰比斯。纳迪娅曾专门从事国民经济和金融道德两个领域的经济学研究。作为道德银行“脆弱地平线”项目的参与者，她不仅为那些陷入经济危机的个人和家庭提供帮助，还对他们进行储蓄知识的普及教育。正因如此，纳迪娅他们才必须向那些经济实力较差、文化水平也不高的人解释金融术语和相关机制。

团队中的记者是保罗·皮亚琴察。他曾在电台工作，如今是一名自由记者。他在团队中主要负责信息更新，即“核查事实”和甄别“假新闻”，也就是核实我们的所见所闻是否真实可靠。

在广告的光鲜外表之下，还有一些看不见摸不着的强大力量在我们每天生活和奋斗着的世界中发挥作用。它们把自己的法则（有时被称为“市场法则”）强加于我们，然后以此支配我们。这样许多问题就被掩盖起来，如同那些藏在地毯下的面包屑……所以但凡我们想掌控自己的命运，就要去了解这些力量及其运转机制。

阿尔贝托他们认为将戏剧和经济学相结合可以实现信息的透明化，并且达到寓教于乐的效果。所以流行经济（Pop Economix）项目旨在利用人人都能理解的语言，做到少摆数字多吐妙语，用人们喜闻乐见的方式去讲述“沉闷的科学”[①]。

文本工作

团队在每个新项目启动之初都必须选定一个主题。他们必须思考，有多少错综复杂的问题在影响着我们的生活？有多少事情我们都盼着能有专家给出更通俗的解释？我们又能否不再为专业术语感到困惑，不用再被天书般的公式搞得晕头转向呢？

最终大家认为应该谈论的主题包括“诱发危机的大型金融秀”“‘一

---

① 指经济学。英国历史学家托马斯·卡莱尔（Thomas Carlyle）曾将经济学称作是一门“沉闷的科学”。——译者注

次性经济’时代的全球性大事件——塑料的胜利”以及“可能会扼杀人类自由的人工智能给我们生活带来的影响”。

一起确定了主题和目标后，他们就开始戏剧创作了。第一项工作是项目研究。他们需要收集各种资料，还要去了解这些故事里境况各异、品性不一的主人公。因为展现科学、技术和经济的不仅仅是数字与公式，它们和历史一样首先都是人类创造的产物，正是这些历史创造者以个人或集体的形式去发现问题、畅想未来，并最终采取了各种行动。所以为了弄明白这些事，就有必要同时用到数据和人物，有必要去探索和讨论真相和想法，探究那些看似已别无他法的抉择。然后我们也许就能发现，如果重新选择，有些事情本可以拥有不同的结局，能让这个世界变得更美好……

接着，纳迪娅开始搜寻各种各样的想法和故事，而保罗则会依照纳迪娅提供的各种线索去追踪相关人物，继而便是一系列的历史调查和理论的深化。虽然最终获得的许多材料都没多大用处（或者说只配被丢进档案室），但总有些东西还是有价值的。慢慢地，当把这些琐碎材料拼在一起后，它们之间的联系也就被挖掘出来了。所以，当阿尔贝托从纳迪娅和保罗收集的一堆材料里发现一个值得讲述的故事时，他就会立即着手编写文案，并且要把经济学里的抽象概念用比喻进行转化。例如他将“供求定理”变成了“比萨巴拉定理”。这是因为在各种帕尼尼球星卡当中，人们对亚特兰大队门将比萨巴拉的卡片总是求而不得，于是这张卡片的价值便被提高了。

纳迪娅是学者，而保罗又是真相核查员，所以他们两人都很固执。只有当某个比喻经得起他们推敲时，才会绘成一幅承载着大量信息和象征含义的图画，再用讽刺的手法加以润色。但如果比喻经不起推敲，他们就会向阿尔贝托指出哪句话表达得不够准确，或者哪个重要方面被他遗漏了。比方说，亚当·斯密在历史上并不是一位恶人，他的思想只不过是被芝加哥男孩们[①]给歪曲了。像这样的内容都需要清楚地表述出来，一点也不能简化。“除了有内容被简化的风险，有时还存在着为使表演内容更丰富、更讨喜而凭空捏造内容的风险。万幸纳迪娅和保罗绝不会允许我做这种事，”阿尔贝托说，“这是一种非常有力的约束，但它其实也增加了创作的可能性。”

戏剧中的经济学

因为资金不够充足，表演所用到的舞台布景就得经济划算，这样做同时也是为了给演员极大的自由，好由他们去创作某些片段中必要的口头概述和内容提要。另外，还必须要采用简单便捷的设备与技术。这是因为他们的戏剧在剧院（剧院当然可以满足表演的设备和技术需求）表演之前，得先在其他地方上演，比如：会议室、教室、礼堂、健身房等公共场所和私人空间……所以相较于舞台布景和幕布，这种“游击式剧院”更倾向于使用投影。阿尔贝托说：“刚开始的时候，我经常独自拍摄，身边一个技术员都没有。后来我们终于找到了一名志愿者，简要地向他交代了些工作。这种方式最终不仅奏效了，还让我们围绕这个项目建立起了一个团队。”

---

① 对某些经济学家的戏称。——译者注

他们用到的道具少而精。例如在戏剧《蓝色革命》中用到的“一个特制的塑料地球仪和一辆橙色的玩具汽车，两者都映射了消费主义这一主题。尤其值得一提的是海报里出现过的一只小鸭子，它是一个标志性的、十分受欢迎的物件。它既是戏中一段精彩故事的主角，同时又代表着一场环境灾害。此外，它还是该戏剧几条叙事线索的交汇点。”

图像工作是由阿尔贝托与里卡多·法萨诺（Riccardo Fasano）合作完成的：“我们特意在《流行经济现场表演秀》（*Pop Economix Live Show*）中选择了流行风。戏剧《蓝色革命》一开始也延续了先前作品的风格，但后来又转变成了现实主义。戏剧是用语言来讲述的，我也的确是在用自己的语言去讲述它，但同时我也认为借助图像的力量是很有必要的，要用图像去展现塑料对动物、海滩及海洋的破坏。通过图像，让这出戏剧带给大家足够的震撼。”

人们都渴望了解事实，当然也渴望有人能为他们讲出事实。于是项目就这样诞生了。首次亮相于2011年的《流行经济现场表演秀》到2016年时就已经在250多个城市累计表演了400余场。它的成功吸引了另外两名演员——法布里奇奥·斯塔西娅（Fabrizio Stasia）和安德烈·德拉内夫（Andrea Della Neve）——与阿尔贝托合作，他们一起参加了在瑞士举办的几场演出。戏剧《蓝色革命》在几年里上演超过150场。

良好戏剧实践

像流行经济这类具有创新性、可复制性和可持续性的项目其实就属于我们和米玛·佳丽娜（Mimma Gallina）共同定义的“良好戏剧实践”。这个项目里有许多早已受过检验的创新型剧种。比如前文那些作品所属的类型——民间叙事剧。这种剧已有20多年的历史了：当马可·保利尼（Marco Paolini）在1997年将《维昂特的故事》（*Il racconto del Vajont*）搬上电视荧幕时，它就进入了大众的视野。而以档案研究为基础的纪实戏剧历史则更加悠久：它诞生于一个多世纪以前，但近来又以有趣的形式重获新生。如今，即便是在意大利，戏剧和科学之间的交集也越来越多了。由于最近几十年里人们开始对戏剧失去兴趣，因此就需要想办法吸引更多戏迷之外的“真正”观众走进剧院。

许多“社会活动艺术家”（artivista）都表示必须要构建一种新的可持续的形式，创造一种新的作品“销售”方式。而阿尔贝托也希望“建立起一个不同的市场。在那里无须自己推销，社区就会主动联系你。为了实现这个目标，我们在社会关系网上下足了功夫。许多剧院通常以戏剧类型为出发点：有的剧院演古典戏剧，有的剧院演新型戏剧，还有的剧院进行戏剧研究。而我们则以主题为出发点：为应对经济危机，人们构建了由各类组织机构构成的关系网。这包括非营利组织、各类戏剧或非戏剧活动、集体采购团体（GAS）、图书馆、政府、公司（尽管我们不是戏剧公司），还有占比不到25%的各类学校……”

《流行经济现场表演秀》却将这种关系网阻拦在外："他们总在演出结束后找我咨询收购节目的事。所以在前30场演出之后，表演秀就开始独立售票了。从此只要我们的题材足够有趣，就总能迎来爆棚的口碑。奇怪的是，当我们收取门票时，前来观看的观众数量反而可能比我们为企业或者协会免费演出时的观众数量更多。"

关于组织方面的问题，阿尔贝托也解释道："戏剧不是起点，而是终点。"在度过了早期自给自足的阶段后，他们团队的各项管理工作、与资质相关的事务以及涉及意大利作家和出版商协会方面的事务，已经全都由一家名为Mutamento Zona Castalia的戏剧公司接手了。

流行经济项目最有趣的地方并不在于它的剧种类型，诸如：叙事戏剧、民间戏剧、纪实戏剧、走出剧院的可持续发展新模式，等等。真正有趣的创新之处在于这些剧种之间的融合，在于随之产生的不同认知模式，也在于该项目通过发掘新受众来满足广泛的信息和反馈信息需求的能力。前去观看这些戏剧的观众都有一定的好奇心和接受能力，但同时也会比较苛刻，难以满足。他们往往并不熟悉戏剧的规则（也就是不了解其中的门道），却又要求获得的内容是高质量的。例如，观众里有时会出现科学家、银行家、教授或者企业经理，他们随时能挑出刺儿来……这些专家型观众并无意于戏剧带来的娱乐感，而是想要收集数据资料进行推理讨论，由此找到乐趣。

想要达到平衡状态并不容易。怎样才能用一种有趣且令人感动的方式来讲述"沉闷的科学"呢？如何在谈论这种严肃的、有时甚至是悲剧性的话题时把人逗乐呢？又该怎样避免刻意让人感动的情况（如同挠痒痒式的煽情）？如何在抛开了意识形态问题的情况下演好批判型节目？面对这些问题，流行经济项目团队就如同前行在一条狭窄的山脊上。阿尔贝托说："我们的目标，就是让人们在演出结束之后还能带走一些真实的、有据可查的信息，而不仅仅只是那些看似真实的信息。"

循环经济

纳迪娅在人们所说的"循环经济"领域也是一位专家。作为一个新兴领域，循环经济对拯救拥挤过度的地球来说起着至关重要的作用。阿尔贝托在表演中解释说它关乎"一种生产和消费模式，在形式上包括共享、租借、再利用、修复和翻新，也包括循环利用那些留存时间较长的材料和产品。利用这种经济模式不仅能够延长产品的使用寿命，而且还有助于减少浪费。一旦某件产品完成了自己的使命，它的制作材料就会最大限度地重新回到经济循环之中。因此这些材料便可以在整个生产周期内不断被重复使用，产生持续的价值"。

流行经济项目并没有局限于阐释和宣传循环经济，而是尝试将其付诸实践。之所以会成立该项目，是因为他们认识到戏剧是永远循环的。戏剧能够与人分享（因此创造出了社区戏剧），戏剧也能够借用、再利用、重构以及回收一切源自我们经验和日常生活的事物。就连戏剧的"乌托邦"，这种涵盖了音乐、文学、建筑以及绘画等形式，需要运用多种能力的"总体艺术"，也是一种"鲜为人知"的循环经济……

流行经济项目本身也具有循环的性质。首先，它所分享的经验（新闻类、经济类、戏剧类等）具有可循环性。其次，它把来自不同主体的资源整合到了一起。它的巡回演出是以关系经济为基础的："我们经常会收到一些协会的邀请，他们愿意共同为我们的表演提供赞助，"阿尔贝托说，"但是这些邀请我们的人往往对戏剧一无所知，会给我们的实际工作带来困难。例如，你看到房间正中央摆了一张桌子，但他们却不允许你把它挪开，抑或他们会在你和观众之间放上栏杆。给我打电话的很多人都是从私交关系，甚至是情感层面去处理事情的。"

循环模式打开了价值链"多渠道化"的前景。它涉及内容的制作，以及不同渠道的内容传递。那些通过研究工作从档案（包括历史书和报纸文章）的矿藏中挖掘出来的数据、信息和故事，也就是原始材料，会经过多种渠道被传递出去，如在线形式（通过流行经济网站），现场会议（通过表演、辩论、课程、研讨会、会议）以及书面等形式。顺便一提，你手中的这本书就是"一切皆可利用"的价值链所取得的成果之一。多亏了贝尼绘制的彩色书页，才使得这些没被戏剧选用的原始材料能够以漫画书的形式再现出来。在博客和电视剧的推动下或许又会有别的传播形式出现。

最近，一个新的应用程序又加入了这个多渠道项目之中。纳迪娅在2017年创办了一家具有社会使命感的新公司——循环市场公司（Mercato Circolare）。这家公司希望能够促进循环经济范式的发展并且推动其实践，从而在遵守原则的生产者和负责任的消费者之间建立起数字化联系。如果你想体验这一运作模式的话，可以通过这款应用程序定位离你最近的销售点或生产商（全意大利已有一千多家）。纳迪娅（已经从道德银行离职了）正带着有关循环经济的培训项目游走于意大利各地，这些培训项目包括了在她看来孕育出循环市场公司的那些戏剧，而这些戏剧讲述的内容（包括戏剧本身）也都与循环经济相关。它们就像无数个套在一起的圈……

正如欧洲议会官网上所说的那样："随着循环经济的发展，消费者也将会拥有更加耐用和更具创新性的产品，从而节省开支并提高他们的生活品质。"

这正是流行经济各个项目的初衷。

开　篇

每个人都会产生很多的想法。

这种智慧之力同躯体力量
及创造力结合在一起……

……就使得人类影响了地
球上几乎一切的生物。

他们依靠大量机器，统治着地球上的各种要素。
——安东尼奥·杰诺维西（Antonio Genovesi）

你们……就从未
考虑过想法的力
量到底能有多强
大吗？

有些想法可能真的
十分强大!

我们脑海里时常会有些特别强大的想法扎下根来，伴随我们一生。它可能会变得十分重要，让我们把它一代代地传承下去。
噢！
因此即便在我们逝去之后，我们的价值和思想也依然会留存下来。

蓝色革命

历史上还有一些强大的想法能够将一批又一批人团结起来……
由此诞生出一个民族，诞生出一个伟大的国家。

我们要么就此建成意大利，要么就此死去。
他在说什么呢……

而有些想法……

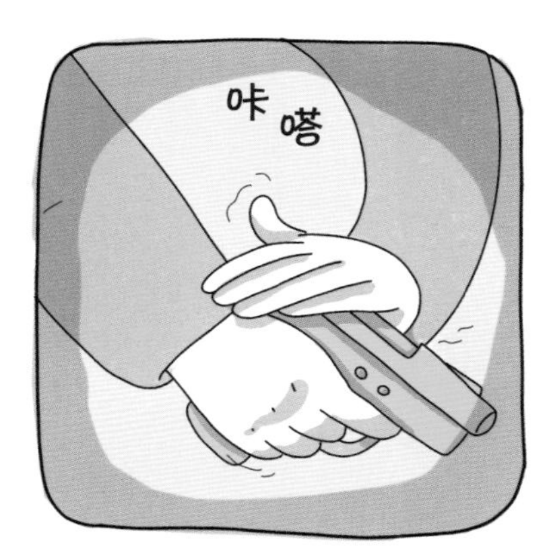
咔嗒

有什么想说的就快说！
别！
求求你了！

嘭！

……则会带来杀戮。

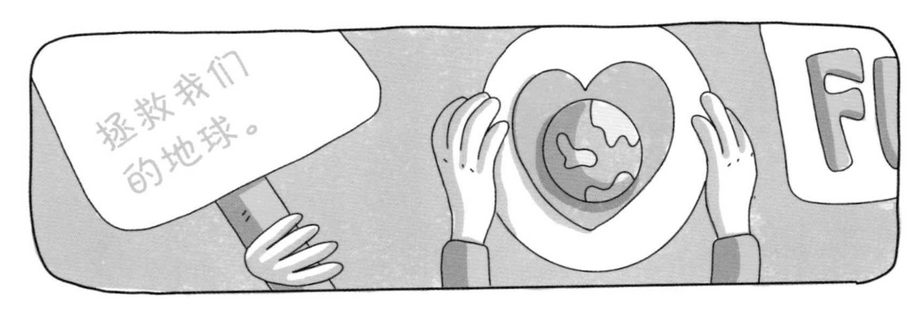

某个想法产生后，你可能迫切地想向公众表达出来。

1963年，华盛顿

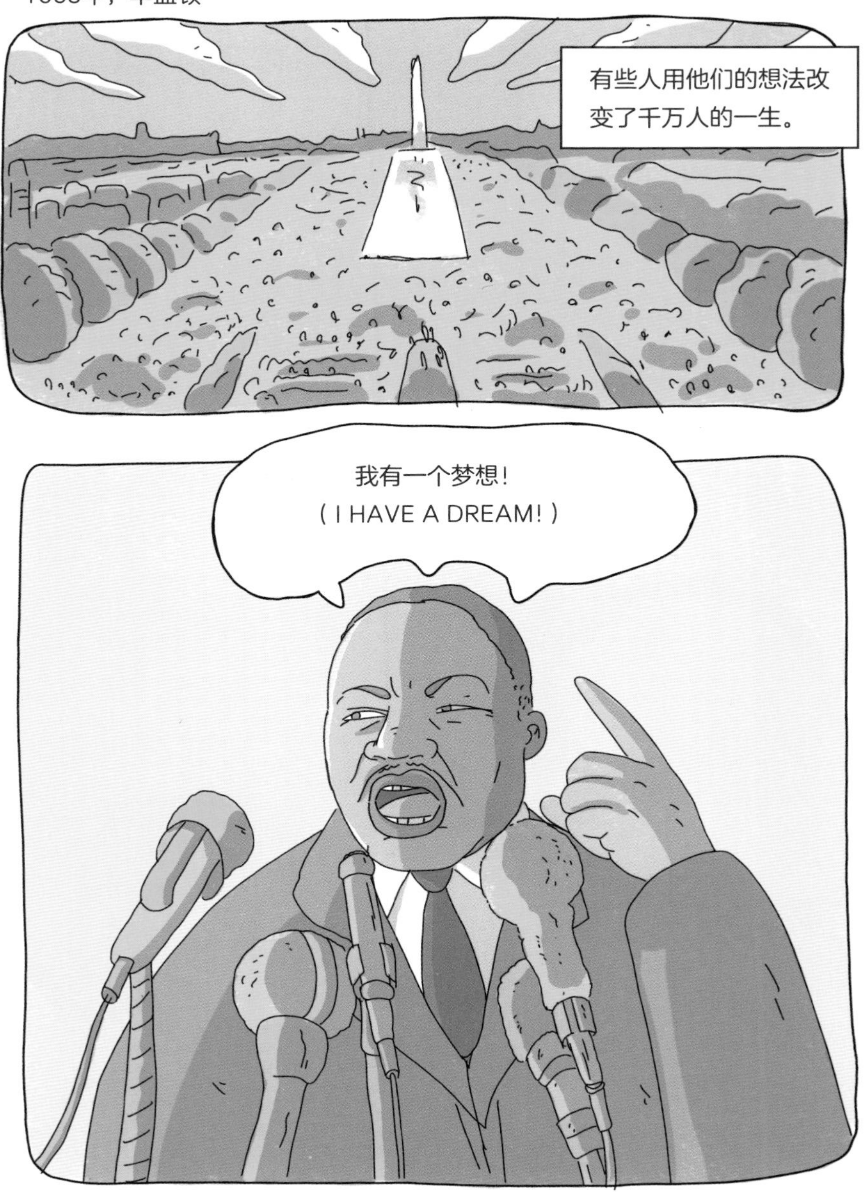

有些人用他们的想法改变了千万人的一生。
我有一个梦想！
（I HAVE A DREAM!）

正是基于这些重要而深刻的想法才得以形成……

……这颗小小的蔚蓝色星球现在的模样。

但是……

……也存在其他类型的……

……想法!

咻！

有创造力的想法。

你们应该已经知道我在说谁了吧？

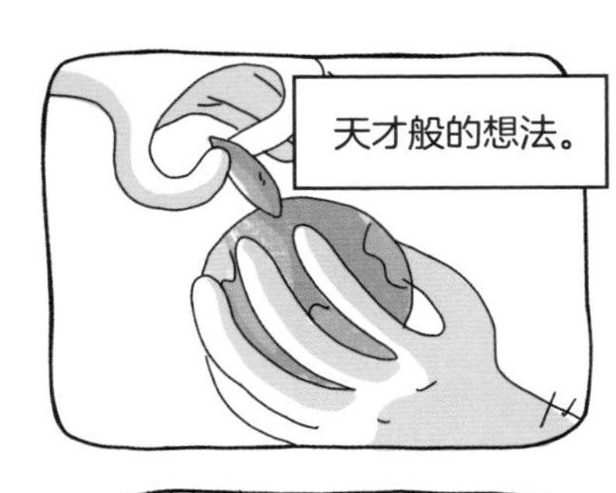
天才般的想法。

疯狂的想法。

史蒂夫·乔布斯

我手里握着的便是这些想法的成果。它多漂亮啊，对吧？
漂亮是漂亮，可他们到底是怎么说服我们的呢？
竟能让我们花上足足1000欧元！不要是你觉得这个价还行的话，那就当我没说吧。
你管那么多呢！钱反正就是挣来花的！
有了它，你就能拍出让大家惊叹的照片！你不是一直想成为一名摄影师嘛！
而且……你还能用它来办公，用来收发邮件！
你想想这笔钱能拿去干多少别的事啊！
别听他的！
不管了，我就要买！

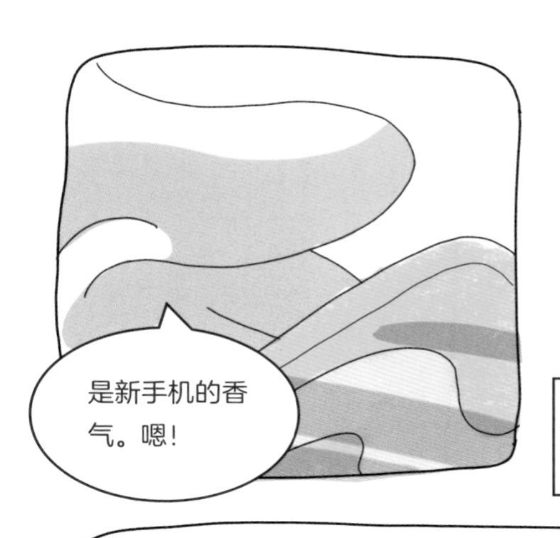
是新手机的香气。嗯！

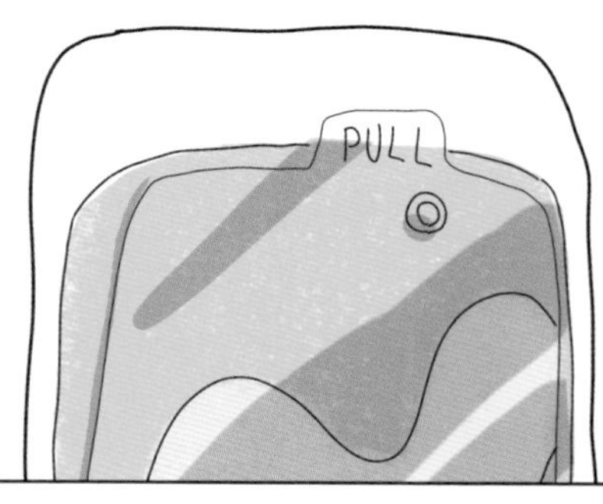
PULL
接着就该欣赏它褪去所有保护膜后的样子了。

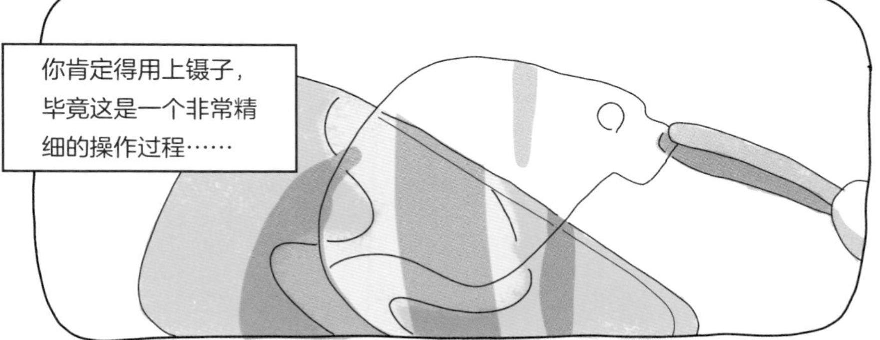
你肯定得用上镊子，毕竟这是一个非常精细的操作过程……

……但意外还是发生了。

血液凝固
心脏骤停
啪！
咔嚓！
不会吧！

于是你只好赶紧去找专业人士帮忙。

呃……这已经坏了……
我觉得它已经没救了……

等等，你别急，应该还能修……只需要花200欧元，你就可以把一个崭新的手机带回家！

嘿嘿嘿！
太棒了，多划算啊！

专家万岁！
我想给我心爱的手机换一个新的外壳。它被我摔坏了……
没问题，您稍等片刻！
幸好我还有一笔给餐厅服务员准备的小费。
我的钱去哪儿了？
您别担心，这是电子支付。
给，您的手机！
哇～～～

行了，我们赶紧来试试这个小宝贝儿有什么本事吧。
噢！它居然还有面部解锁功能……
……好了，我们还是言归正传吧。
我们正谈论的人是……
谷歌
亚当·斯
这也太快了吧！
……抱歉，我本来要跟你们提两位“很有想法”的重要人物。
亚当·斯密
安东尼奥·杰诺维西

亚当・斯密
1723—1790

哲学家、经济学家。
出生于苏格兰法夫
郡的寇克卡迪。

如今亚当・斯密的思想已经胜过杰诺维西的思想了。

我们很快就能了解到这种想法了，但在此之前我还想先做一个实验。

想象一下你们正在沙滩上，那天是8月10 日，天气极佳，夜空中布满了一望无垠的繁星……
接着，有流星划过！
快，赶紧许个愿吧！你们脑海中蹦出来的第一个愿望，最好是不假思索。

许好了吗?

很好，现在我们来
看一下结果……

嗯……真
有意思。

你们当中大部分人想到的
都是关乎自己的事，这就是
“利己主义者”的表现。

让我来给你们解
释一下：几乎可
以肯定的是你们
的愿望都与自己
有关，对吧?
可能并不是直接相
关，但总归与你有着
某种形式的关联。

我的姨奶奶也向我展示了她对于利己主义的看法
只要你管好自己的事，不多管闲事，你就能活到100岁！
或许她并没有完全追随她的信条……
因为最后她只活到了88岁。
1976年，芝加哥大学
亚当·斯密的想法，一个简单却又强大的想法，已经走向了世界！现在出现在我们面前的是地球上最新锐的一批经济学家：芝加哥男孩！
呃……你觉得有什么问题呢？

他们当中有一个叫乔治・斯蒂格勒（George Stigler）的人
美国经济学家和研究员，1982年诺贝尔经济学奖得主。

CSB
他手里拿着一本书，然后还猛地将这本书举过了头顶（就像这样）。
原来是亚当・斯密的著作《国富论》！
书中有一节内容大概是这样写的……

我们期望的晚餐并非来自屠夫、酿酒师或是面包师的恩惠……

……而是来自他们对自身利益的特别关注。我们不需要向他们祈求怜悯和爱意，只需唤醒他们的利己心理就行了。

你们不觉得这很像
摇滚的概念吗？

接着就迎来了神话般的20世纪80年代。

乔治·斯蒂格勒获得了诺贝尔经济学奖。

罗纳德·威尔逊·里根就任美国总统。

超级赛亚人“降临了地球”。

在经济学里大家都只谈“贪婪”，不谈“自尊”。贪婪的概念还走进了好莱坞：奥利弗·斯通（Oliver Stone）曾拍摄过一部有关贪婪的电影，片中反派角色戈登·盖柯（Gordon Gekko）的扮演者获得了奥斯卡最佳男主角奖。

1987年，华尔街
贪婪——我再也想不到更好的词了——是好的。贪婪是对的，贪婪是有用的。贪婪阐明、解释并抓住了进化的本质。

各种形式的贪婪：对生活、爱情、知识和金钱的各种贪婪推动了人类文明的发展。

正是贪婪在推动我们的社会向前发展。如果我们能住在有暖气和自来水的房子里，如果我们能看电视、能上网，如果我们能在客厅里装上名牌灯，能开车去海边游玩，那么这一切就都应该归功于人们在过去两个世纪里的奋斗。我们应该感谢他们的贪婪。

你们喜欢这样的想法吗？你们会认可它吗？
还是说你们觉得这听起来更像是……一种讽刺？
再或者简单来说，我们已经对贪婪司空见惯了？你想买辆属于自己的汽车吗？你在尽己所能地去赚更多的钱，对吧？人们总是在努力让利益最大化。
让我们听听大家是怎么说的！
呃，是这样的，在我看来这种情况并不是很让人满意。
做生意就是这样的嘛。

我们是不是觉得跨国公司在合法范围内尽可能地避税是理所应当的？
他们为什么会把产业转移到别的国家和地区……
……转移到那些劳动力成本更低的地方呢？
做生意就是这样的，亲爱的！
你们内心深处是否会有一种怀旧情绪？
也许是这里？
这里？
这里？

……两百年前的那些人文主义者说不定会选择走另一条路呢?
杰诺维西当时说了什么?
都不重要了，反正他已经输了。

赢的人是他们。

1924年的圣诞节，日内瓦

如果说要给贪婪找一个诞生日的话，那么大概就是这一天了。

先生们，各位先生们！请注意啦！
嗯？
我们现在来到了一家小商店，这些鸭子则代表了来自世界各地不同电气公司的30多位人物。

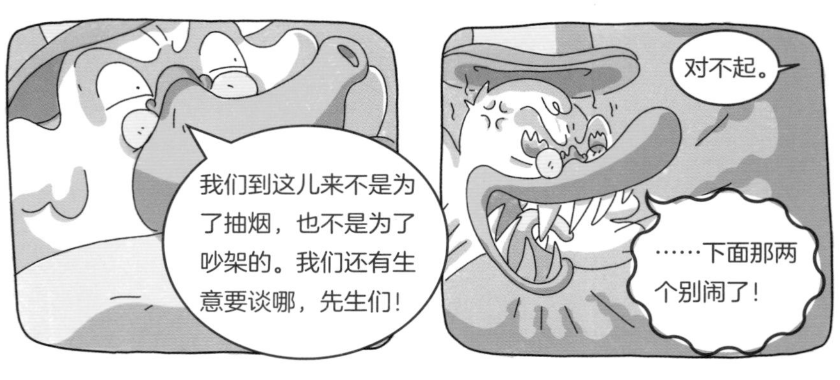

我们到这儿来不是为了抽烟，也不是为了吵架的。我们还有生意要谈哪，先生们！
对不起。
……下面那两个别闹了！

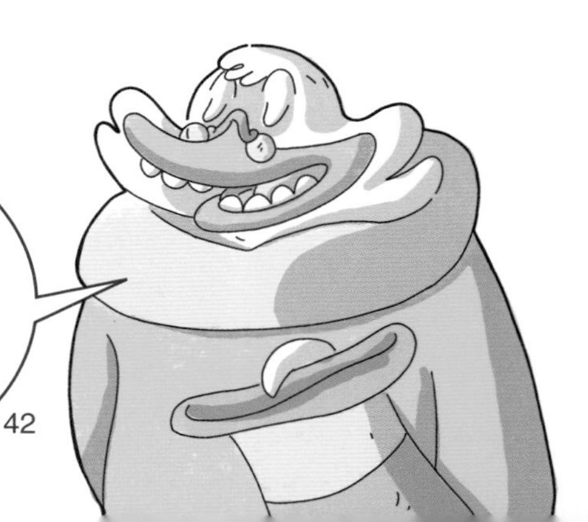

那么，我们正式开始吧。我听闻你们当中的某些人正在试验一种可以使用3000，甚至4000小时的灯泡！很好，祝贺你们！非常好！

哪里好了？
你们有考虑过后果吗？
……

两年。差不多要两年时间我们的客户才会用坏一枚灯泡。这对他们而言当然是一件好事啦，但你们有谁考虑过我们的利益呢？
先生们，要我说的话，1000小时才是一个灯泡该有的使用寿命！

说得对！
太棒了！
说得太对啦，老先生！

我看上去很老吗？

现在我们还
只是说到了
灯泡。

啪！

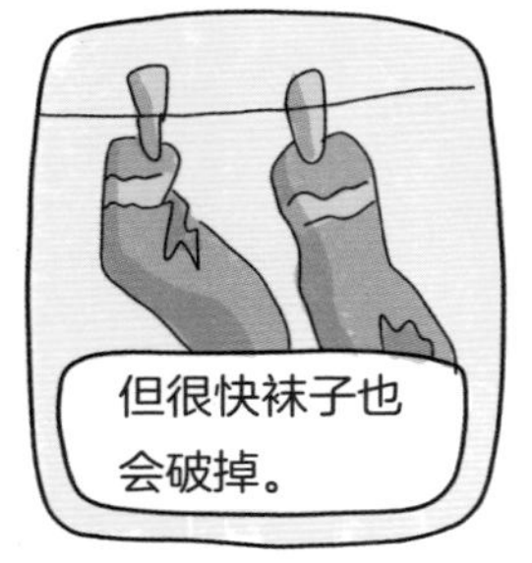
但很快袜子也
会破掉。

还有洗衣机。

还有衣服。

还有许多诸如此类的东西！

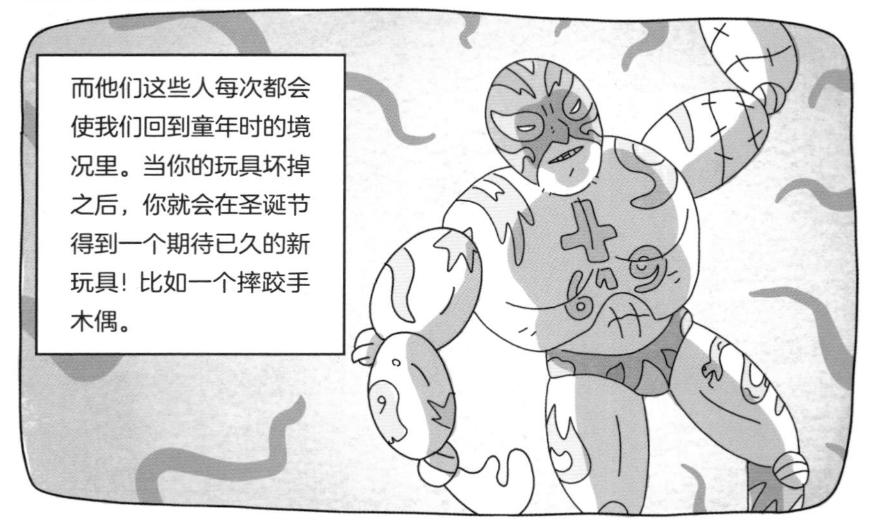
而他们这些人每次都会
使我们回到童年时的境
况里。当你的玩具坏掉
之后，你就会在圣诞节
得到一个期待已久的新
玩具！比如一个摔跤手
木偶。

这就是前进的动力。
它来自卖家的贪婪……
……以及买家的贪婪。
所以感谢各位灯泡生产商。
感谢大家的贪婪。
一次性产品万岁！
USA
3×2
GETTA

老派欧洲思维是创造出更好的产品，希望它是永远也用不坏的那种！

你特意为自己的婚礼买了一件精致的衣服……
哇！这衣服真漂亮啊！

想得多好呀，可是……
……实际上你又穿着它去参加了某个饭局，或者让它最终变成了自己的丧服。

这个想法太糟糕了！太差劲了！

然而，美式思维却驱使人们转售自己不再喜欢的旧衣服。

他们会去小集市里卖掉那些旧衣服。

这样就能拿这笔钱给自己买新衣服。

吼！真是个好想法呀！太棒了！

这就是20世纪50年代天才设计师布鲁克斯·斯蒂文斯（Brooks Stevens）提出的概念，他将其称作“计划性淘汰”。

这样大家就能不停地购买新产品，不停地获得自由与快乐了。

但还有一个无须多言的问题：要想不断地生产新产品，还必须要有一种合适的材料……一种在同类中独树一帜的材料。

它取之不尽用之不竭。

不需要我们与这颗资源有限的星球去讨价还价就能得到它。

女士们，先生们，
下面有请我们的橡
皮*……
嘎！
嘎！

* 指橡皮鸭。1992年，一艘货船遭遇风暴，船内载有的28 800只浴盆玩具，全部撒向了太平洋，其中包括：小黄鸭、绿青蛙、红水獭、蓝乌龟等。——译者注

之前网上就有人说过它们可能会在2007年回来。

而且还说它们最终会抵达英格兰地区。南安普顿的人们将会在海滩上排队等候它们。

1992年1月10日，一共28 000多只橡皮鸭因海难落入了海中，于是它们就开始了这段以太平洋为起点的旅程。
虽然听起来像是个笑话，但它的确发生了。

最终有许多橡皮鸭都被“抓捕归案”，但那批最大胆、最英勇的小鸭子却一路北上，游向了白令海峡和北冰洋。

当它们到达阿拉斯加时，一堵摩天大楼似的冰墙拦住了它们的去路。那深不见底且冰冷刺骨的海水好像快要永远地将它们吞没。

现在该怎么办？
等着就行了。

嘎！
嗷呜！
嘎！

在这段时间里出现了很多惊喜！

嘎！
浮冰融化……
……哎呀！我身上也有一只
我们都惹上麻烦了。

网上的人拿这些鸭子的顽强精神去和维京人相提并论。

于是剩下的英勇小鸭们在突破障碍、重获自由之后，又涌向了大西洋。最后在2007年的夏天到达了南安普顿。

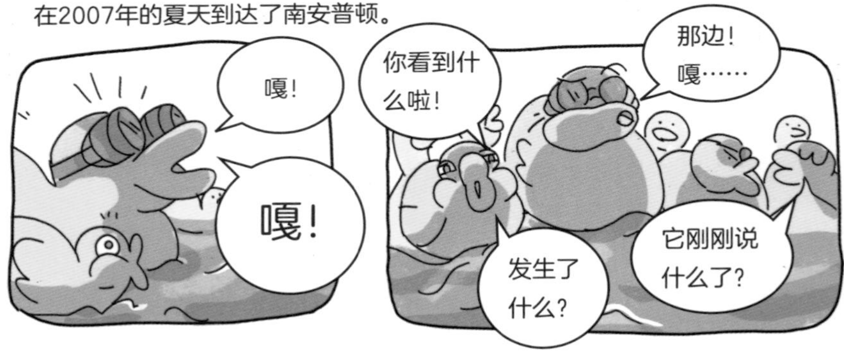

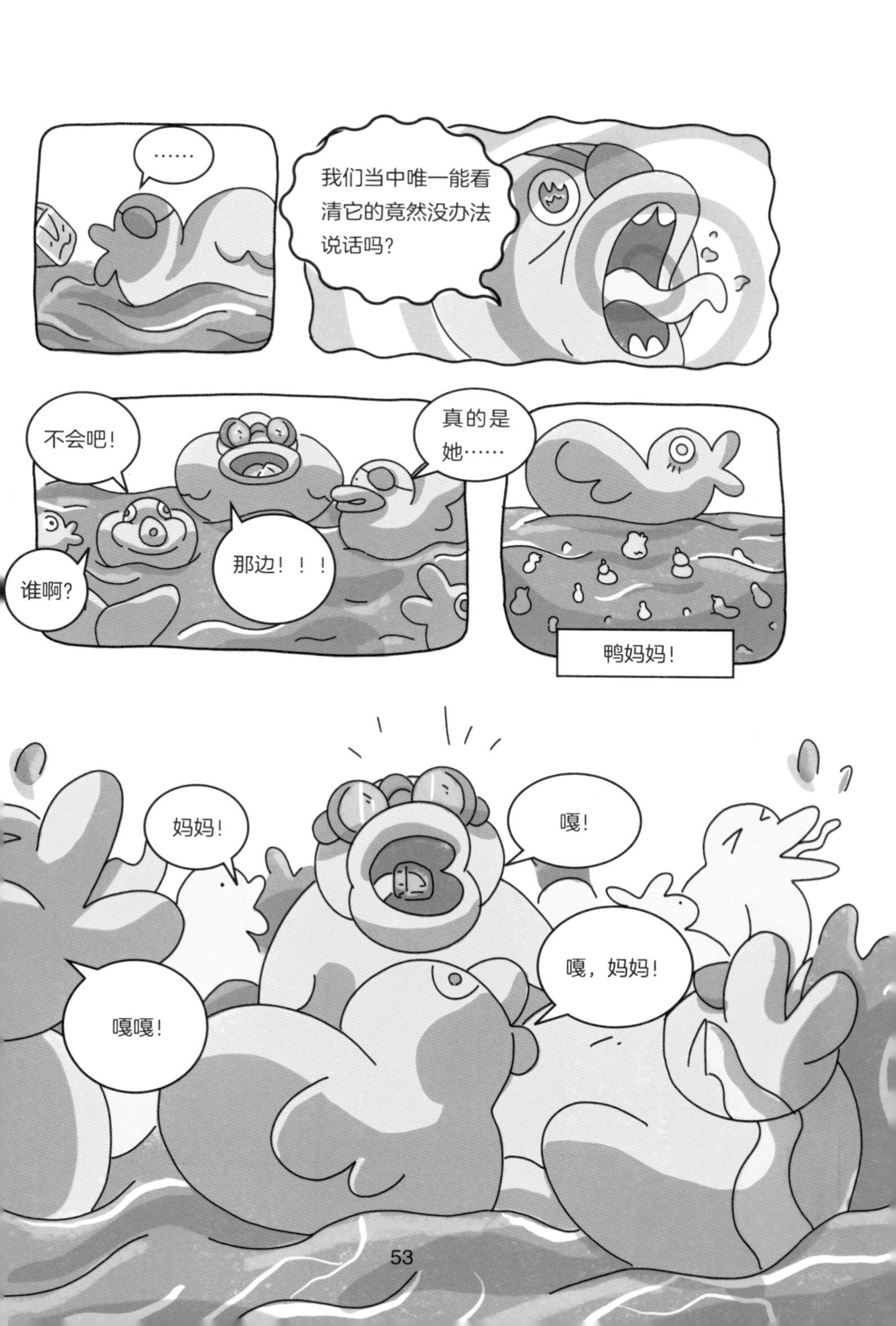
……
我们当中唯一能看清它的竟然没办法说话吗？
不会吧！
谁啊？
那边！！！
真的是她……
鸭妈妈！
妈妈！
嘎！
嘎嘎！
嘎，妈妈！

原来是有一只巨大的鸭
妈妈在岸边等候着。

那是艺术家马尔加·霍特曼
（Marga Houtman）的作品。

在污染我们的海洋长达15年之后，这些鸭子终于被冲上了沙滩。对此有人曾认为大家或许会将它们视为耻辱。然而事实并非如此。

你看它们多可
爱啊。只是一
些“友善的漂
浮物”罢了。

是的，人们喜欢这
些小鸭子。它们是
现代的“尤利西
斯”，是人类与狠
心的大自然母亲做
斗争的一次象征！

公元210412年，地球

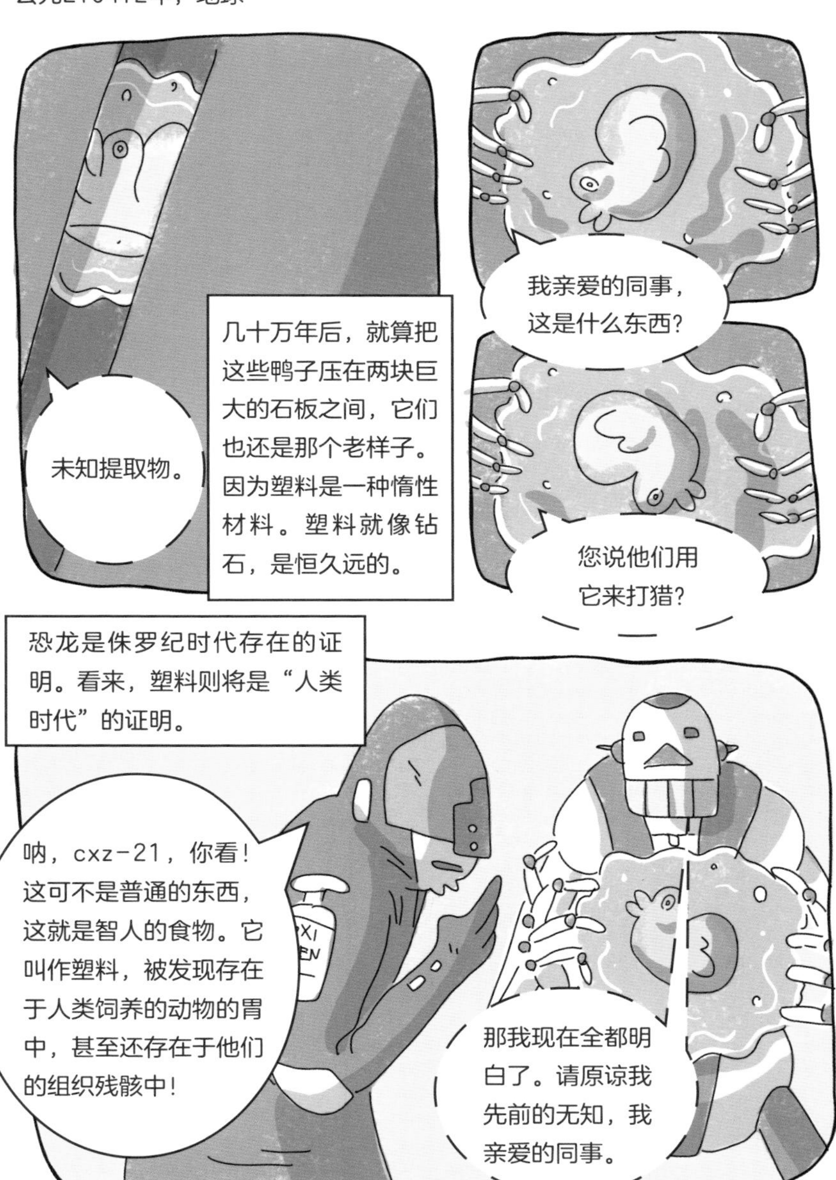

未知提取物。
几十万年后，就算把这些鸭子压在两块巨大的石板之间，它们也还是那个老样子。因为塑料是一种惰性材料。塑料就像钻石，是恒久远的。
我亲爱的同事，这是什么东西？
您说他们用它来打猎？
恐龙是侏罗纪时代存在的证明。看来，塑料则将是“人类时代”的证明。
呐，cxz-21，你看！这可不是普通的东西，这就是智人的食物。它叫作塑料，被发现存在于人类饲养的动物的胃中，甚至还存在于他们的组织残骸中！
那我现在全都明白了。请原谅我先前的无知，我亲爱的同事。

塑料是世界上
最为普及的一
种材料。
100% PLASTIC
奶瓶用到了它。
叉子用到了它。
随处可见
椅子用到了它。
拖鞋也用到了它。

实际上，塑料是随着经济发展而普及的，它的普及反之又促进了经济发展。
我们生活中处处都是塑料制品！

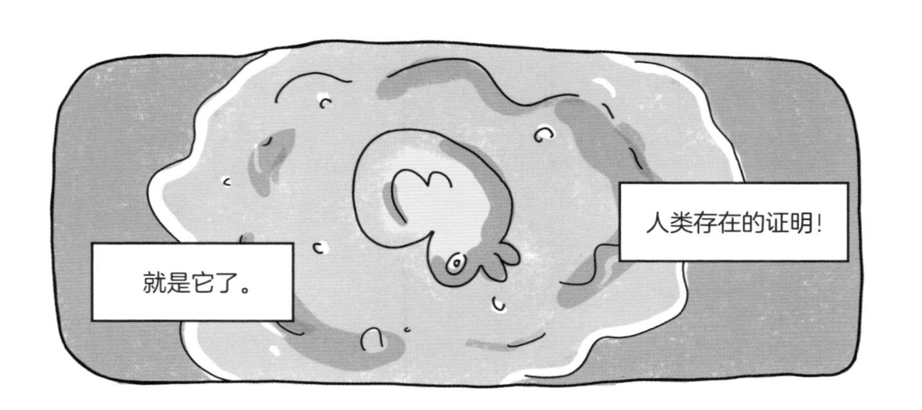
就是它了。
人类存在的证明！

人类时代，就是塑料与贪婪的时代。到目前来看还没什么问题对吧？虽然橡皮鸭污染了一些地方，但接着它又回到沙滩的遮阳伞下，与大家友好相处……

直到有一天……

嘎！

“我叫查尔斯・J.摩尔
（Charles J.Moore）。”

“握紧船舵……”

“……调整风帆，检查航线……”

“……那是我当时唯
一能想到的事情。”

1961年，太平洋

“那年我16岁。身处加利福尼亚州和夏威夷州之间的太平洋中央。我父亲突然对我说：‘现在你来掌舵吧，儿子。’在那时候，带着我的家人航行4000英里（1英里=1.6093千米）的路程似乎就是一场梦。”

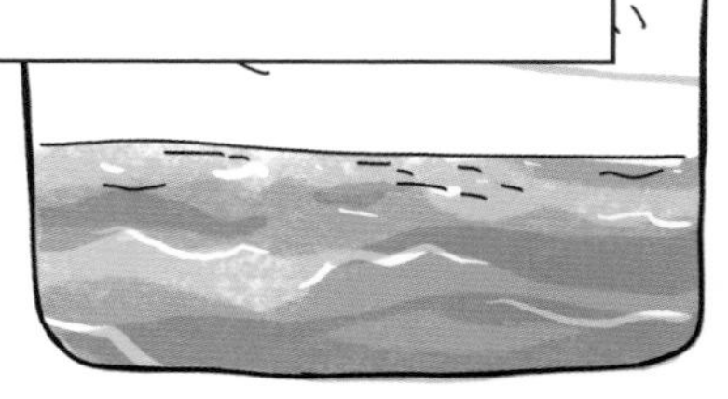
“我会时不时地走到船头，然后停下来看层层海浪。”

“我们当时位于赤道无风带，那是一个非常奇妙的地段。有些人称其为‘马纬度’，因为当年古老的西班牙大帆船会在这里停下来想办法减轻负荷……”
“……甚至会把马匹扔进海里。”

“但我想知道我会不会碰巧就是第一个到达那里的人呢。”

“我会不会是所有海员中第一个征服那片海域的人？”

“海洋对我来说似乎就是一块尚未开垦过的土地，是一片自由的土地。它比月亮还要纯净。”

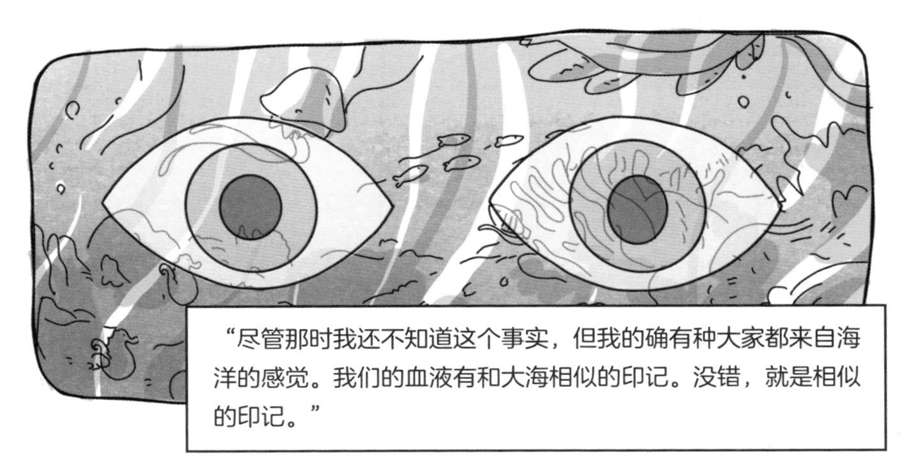
“尽管那时我还不知道这个事实，但我的确有种大家都来自海洋的感觉。我们的血液有和大海相似的印记。没错，就是相似的印记。”

“我感觉自己就像那些策马驰骋在大草原上的印第安人一样自由。”

“几天后，我再也认不出那条隔开了天空与海洋的地平线了，船也变得十分渺小。我的父亲，我的家人，全都变得像鱼一样。也许正是那次旅行，使我意识到我的生命中还有尚未完成的事业。”

“我不会像我祖父那样成为一个石油工业家。”

“也不会像我父亲那样去做一个化学家。”

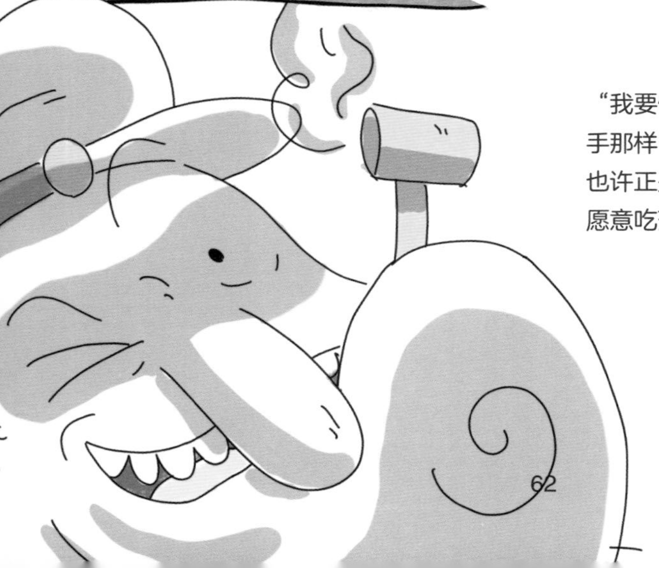

“我要做一名水手，就像大力水手那样！你们没这样想过吗？也许正是受到他的影响我才开始愿意吃菠菜吧。”

现在，我尝试将查尔斯这36年来所遭遇的事情总结为三个阶段！

第一阶段

从专科学校毕业后，年轻的查尔斯·J.摩尔进入了大学学习化学，但几年后他又再次告诉自己这不是他应走的道路，于是他就辍学了。

当时他决定去当一名木匠。然后他就成了家里的“害群之马”。

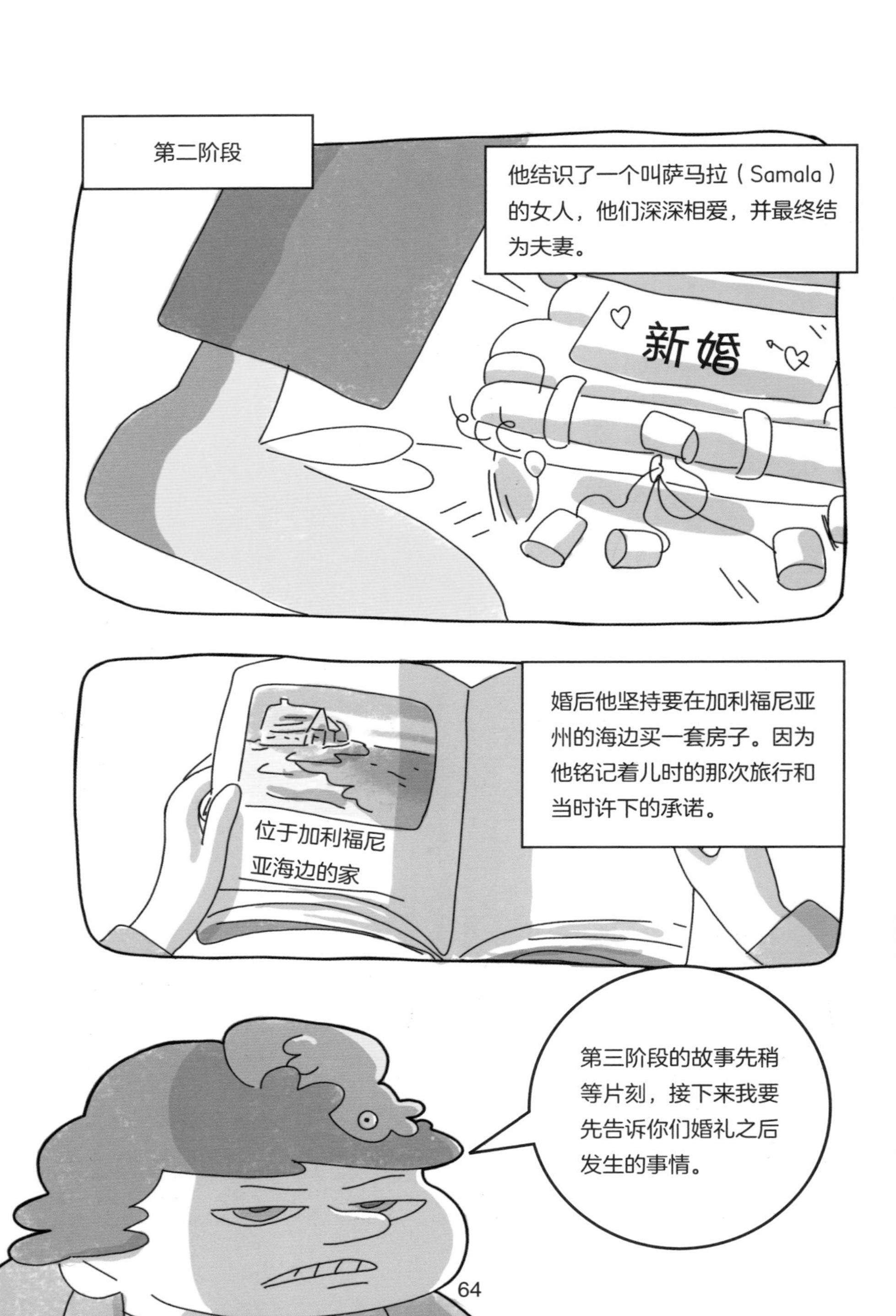
第二阶段
他结识了一个叫萨马拉（Samala）的女人，他们深深相爱，并最终结为夫妻。
新婚
婚后他坚持要在加利福尼亚州的海边买一套房子。因为他铭记着儿时的那次旅行和当时许下的承诺。
位于加利福尼亚海边的家
第三阶段的故事先稍等片刻，接下来我要先告诉你们婚礼之后发生的事情。

后来查尔斯的祖父去世了。他把自己靠石油产业赚来的一大笔钱都作为遗产留给了查尔斯。而查尔斯虽然并不想要这笔遗产，但还是接受了它。他决定不去动这笔钱。

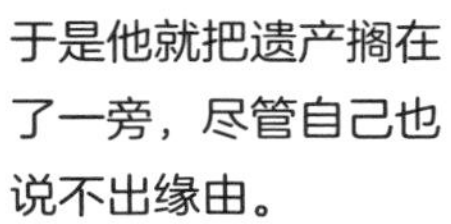

于是他就把遗产搁在了一旁，尽管自己也说不出缘由。

接着查尔斯和萨马拉有了两个孩子。

就这样过了36年。查尔斯在这段时间里过得很幸福，或者说还算幸福。但其实他内心的空虚感多年来始终得不到填补。于是有一天他又离家来到沙滩上，凝望着大海。他确信就算那时再去实现梦想也为时不晚。所以第二天他就买了一艘船，并且将其名为 “阿尔奎塔号”（Alguita）。

好吧，我真不是一个善于长期保守秘密的人，你们准备好听第三个阶段的故事了吗？

1997年

他的首次航行是一场帆船比赛，他把它作为新婚礼物送给了自己的两位朋友——莉莎和约翰。他计划带他们来一场与16岁那年相同的航行……
Alguita
……也就是回到赤道无风带去。你们还记得这个地方吗？就是马纬度！

就这样查尔斯·J.摩尔在中年时成了一名老水手。
正如他许
过的那样
嘎！
但他并不清楚，自己即将会遇到改变一生的事件。

第三阶段

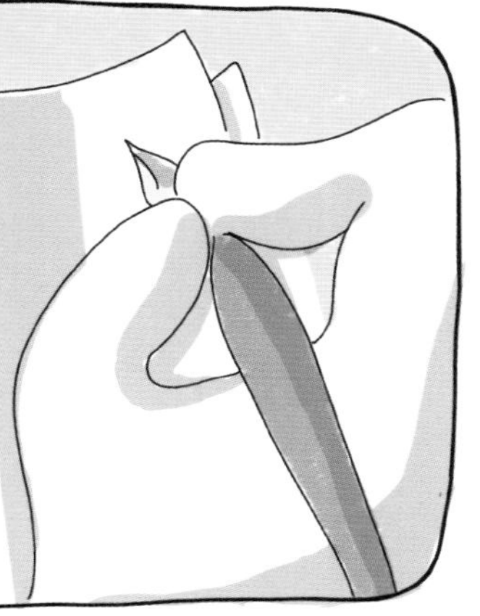

查尔斯·J.摩尔船长的航海日志

我们刚刚完成比赛，并赢得了奖杯。在参赛的四艘双体船中，我们虽然只获得了第三名，但结果依然还是令人满意的，因为这是一场含金量很高的跨太平洋游艇比赛。

现在我们正在返航途中。阿尔奎塔号目前已经进入了赤道无风带。由于这里没有一缕风吹过，所以我们只能依靠发动机航行。但汽油就快耗尽了，储备的食物也不太充足。我有点担心了……

当时夜已深，但还没到黎明。我在床上睡觉，突然什么东西撞到船上的重击声吵醒了我，一下，两下，三下，就像是有人在敲门。

接着我感到一阵眩晕，于是赶紧下床跑到船头看看。已经到黎明时分了，四周并没有别的东西。海上风平浪静，也不见暴风雨的迹象，只有……

只有一个塑料桶……

一个瓶子，一顶安全帽……

一团错乱交织的尼龙渔网，上面还挂着贝壳和海藻。

过了7天摩尔船长又回到船头，希望能再找回他16岁时离开的那片海洋。

这也太奇怪了……
无风带不是应该比
月亮还要纯净吗？

今天，我查尔斯·J.摩尔，阿尔奎塔号的船长，意外发现了第八个大陆。它是地球上最年轻的大陆，也是唯一一个由人类一手创造、如今又回到人类身边的大陆。我将它命名为“太平洋大垃圾场”（great pacific garbage patch）。

摩尔船长曾经熟悉的那片太平洋几乎没有留下任何其他痕迹。现在我们已经能想象到那片海域已被大片的各种塑料制品占领了。

回家之后的摩尔船长就像变了一个人似的。

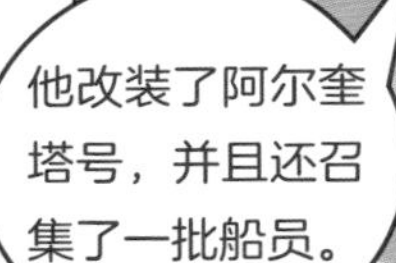

他改装了阿尔奎塔号，并且还召集了一批船员。
他不仅花光了自己所有的积蓄，甚至还动了爷爷留下的那笔遗产。

然后他又再一次回到赤道无风带。

努力地清理了几个月后，摩尔船长决定环游整片塑料大陆，以估计它的面积。后来这次环游耗费了他两年的时间。
我带走的塑料越多，就越能说明这是一场难以应对的灾难。

经过7次考察，他终于得出了结论。
一共10 000 000平方千米，相当于整个欧洲的面积。
查尔斯·阿美利哥·J.摩尔①

①阿美利哥·维斯普西（Amerigo Vespucci）（1454年3月9日—1512年2月22日），意大利的商人、银行家、航海家、探险家和旅行家，曾通过考察证明了美洲是一块新大陆而非亚洲的一部分，后美洲以他的名字命名。这里呼应上文摩尔船长称自己发现了第八大陆。——译者注

摩尔船长意识到靠单打独斗是无法应对这种状况的，因此他试着去联系科学家，去学习相关知识，甚至还参加了一些学术会议！但这一切都只是白费工夫罢了，因为似乎没有人对这件事感兴趣。

几年后，有人通过计算得出一共需要几十万艘船，耗费一万年的时间才能清空海洋中的塑料制品。

没人真的对这件事感到担忧。

得了吧！现在还有更重要的事情呢。

直到1999年，《洛杉矶时报》（Los Angeles Times）刊登了一篇关于橡皮鸭在白令海峡受困的文章。

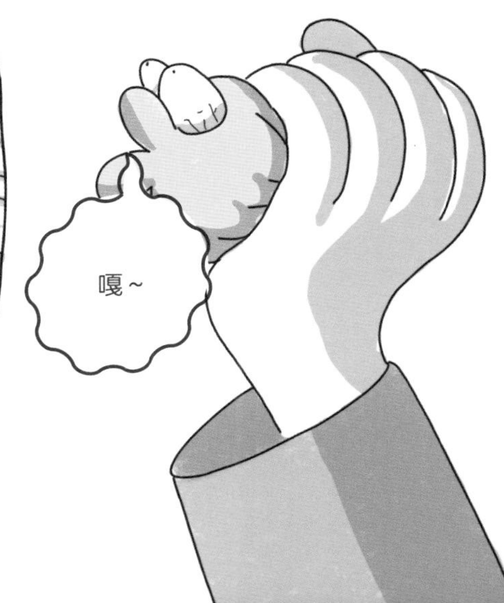

后来摩尔经过咨询得知，有一位名叫埃比斯迈尔（Ebbesmayer）的海洋学家正在绘制世界上第一张洋流电子地图。

喂，您好。我叫查尔斯，请问是埃比斯迈尔教授吗？我正在关注您的研究，我这里有些东西可能会对您有帮助！

多巧啊，就是他，埃比斯迈尔。就是他曾经在网上写道，那些鸭子将会在2006年6月底的某一天抵达南安普顿。
我对你的提议挺感兴趣的，查尔斯。我们见个面吧，说不定会有什么大发现呢！

摩尔往他的凯迪拉克双门轿跑车（嘿，保养得还挺好）里装满了从海里捞起来的塑料制品，车都快要被挤爆了。然后他就开始了从加利福尼亚到华盛顿，全程1500千米，耗时2天的公路旅途。

嘿，你能载我一程吗，哥们儿？

然而，每段旅途都可能会有意外发生。所以在行驶了200千米之后……

嘭！

发动机抛锚了

这怎么回事？
什么？

这可比发动机出问题更让人头疼呢。
好吧，那只能再见了，哥们儿。祝你一路顺风。再……再次感谢你让我搭便车。很抱歉，但是你看，我确实帮不上什么忙。

没办法，它发动不了！看来我只好叫修理工……

你好，我叫托马斯，是你刚刚叫的修理工。
你的车出什么问题了呢？

呃……这简直比我预想的还要严重呀……
啊，不会吧！
已经修不了了！

其实也不是完全不能修，但得多花点钱！首先你要去买……

哎哟！

他最终一共花了8天时间才到达目的地。
然后查尔斯接着朝华盛顿出发。
幸会幸会，我叫柯蒂斯（Curtis）！
我是查尔斯，很荣幸见到您，那么……
查尔斯，有件事必须要告诉你。我也不知道该怎么讲，就是……
听着……我知道你在海洋里发现了什么。
事实上我们已经尝试过去处理了……全都是徒劳的。
可……可是，怎么可能呢？总该有什么办法的吧！

埃比斯迈尔向摩尔解释道，自己的一位同事早已经发现了海里的那些塑料制品，甚至比摩尔还要早上10年。当时他也同一些科学家谈论过此事，也参加了一些会议，但所有人都只是袖手旁观罢了。
事实就是这样。到此为止吧。
鸭子，我再也不想见到你了！我一开始还以为你有多么天真可爱，结果你居然是个“叛徒”！都怪你！
嘎！

没人关注大海里一吨又一吨的垃圾。

人们不关心这些事。

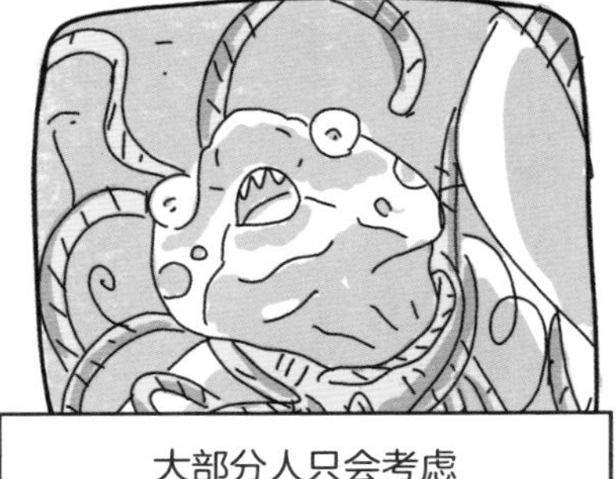
大部分人只会考虑
怎样去享受假期。

那你查尔斯又能做什么
呢，大家都漠不关心。

还有更重要的问题需
要考虑，不是吗？

当然，只要人们不把这件事
看作一种威胁就行了。

所以，查尔斯……

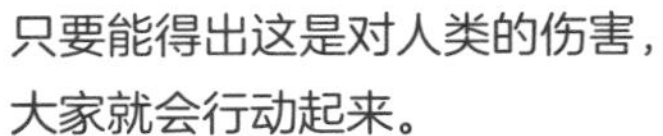

只要能得出这是对人类的伤害，
大家就会行动起来。

一位名叫高田的科学家发现，即使是无辜的橡皮鸭也不具有像钻石那样的惰性：相反，它与海洋中所有的油性物质和毒性物质会起反应。

高田教授 鸭子

?
SBANG!

那是我的戒指吗?

哎呀糟了……
呀！
我可真没想到会这样！
但是……这只可爱的小鸭子怎么可能会变成……
人类的威胁呢？
去吧，可达鸭！决定就是你了

小鸭子（莫名其妙地）落入了大海。

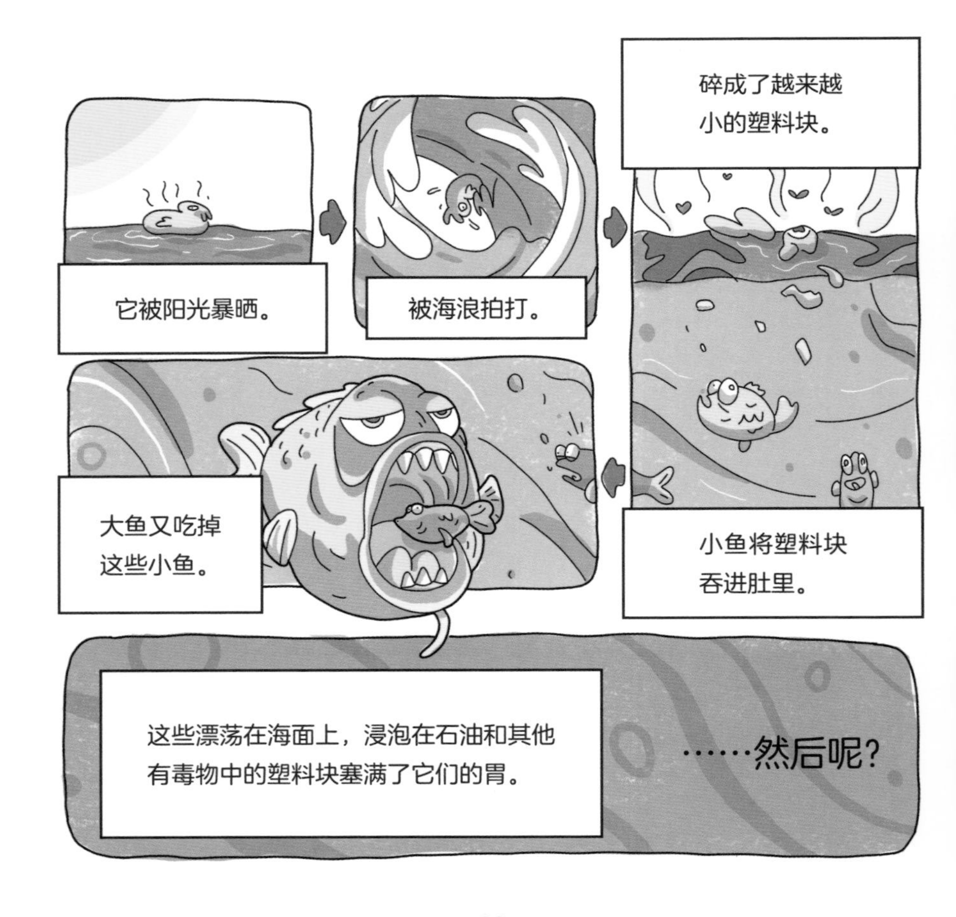

它被阳光暴晒。
被海浪拍打。
碎成了越来越小的塑料块。
小鱼将塑料块吞进肚里。
大鱼又吃掉这些小鱼。
这些漂荡在海面上，浸泡在石油和其他有毒物中的塑料块塞满了它们的胃。
……然后呢？

然后我们……

我的天哪，太美味了吧！
……我们吃起了炸鱼条。

“5Gyres”国际研究所进行了一项研究，这个研究所由两名水手创立，他们还与查尔斯·J.摩尔和世界上其他12所大学进行了合作……

海洋学家、船长，因其发表了有关“太平洋大垃圾场”（太平洋上的塑料岛）的文章而闻名。

……据估计，我们的海洋里共有52 500亿块有毒碎片。

平均每个人有750片。

这实际上就等同于吞进了一整只橡皮鸭……

咳！
喀！
救命！
咳！

另一项研究是针对因纽特人进行的，他们主要吃……
鱼？

格陵兰岛

鱼吃碎片……

……因纽特人吃鱼

研究发现，因纽特孕妇更容易早产，这些早产的孩子大多体弱多病……并且成年后很多会出现不孕不育的情况。

塑料开始对他们的内分泌系统产生影响，内分泌系统与神经系统一起调控着人体的正常运转。

然而这还仅仅只是开始。我们仍然不知道塑料会对我们的身体真正造成什么样的影响。

有人吗?
这里黑漆漆的什么也看不见……

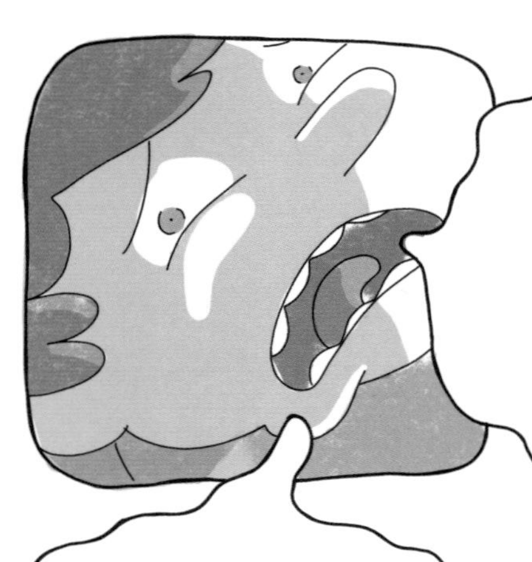
所以已经无计可施了吗？如果连一生致力于保护海洋的摩尔船长都无法阻止这场灾难，这是否意味着……真的要结束了？
贪婪法则笑到了最后吗？难道亚当·斯密才是对的吗？还是说人们的灵魂深处仍留存着一丝希望之光？

算了，我们再试一次吧……

我想再给你们讲另一个故事……

汤姆·萨奇（Tom Szaky）
19岁，匈牙利人。曾在加拿大生活过一段时间，后来前往美国的普林斯顿大学学习。
这男孩是个英雄。
当然不单单是因为他只靠一包薯片就挨过了三天。
那这个男孩有什么特别之处呢？
还记得我跟你们说过的“强大想法”吗？喏，这就有一个震撼了汤姆灵魂的想法。美国是一个充满机遇的国家，在那里即使你跌倒了也没关系，重要的是你得重新爬起来！
至少他是这么认为的。那么这些话肯定也传到了那个人的耳朵里。你们还记得他吗？
求知若饥，虚心若愚。

汤姆的那个好想法是他回加拿大拜访高中老友的那天想出来的。
嘿，老兄！我回来了，最近还好吧？
呦，汤姆！你怎么回来了？
真是一点儿没变啊！
好久不见，威尔！
看起来一切都还是老样子呢……
是啊，几乎没什么变化。
嗒哒……
这这这，你怎么弄的？我记得我走的时候它已经都干枯了呀！

兄弟，你可能不相信……
我用了虫子的粪便！
嘿嘿，低投入高回报！

你需要把食物残渣喂给蠕虫，这样就行了。然后你就会得到一种完美的肥料。100%纯天然！

虫子的粪便？

就是这样，不使用任何化肥。植物自然地生长，而且还能更加繁茂！免费的有机肥料。

毕竟年轻就是资本，本来就没什么可失去的。所以一切皆有可能！

衷心感谢！您可是助力了一个美好的事业呢。

我们可要珍惜这些食物残渣。

从那一刻起他就有了这个想法，接着他回到了普林斯顿。他找到一位合伙人——乔恩（Jon），他的大学同学，两个人共同投资了2万美元。

那当然，我们都对这个项目充满信心。

现在他们需要给这个“强大想法”取个名字了。

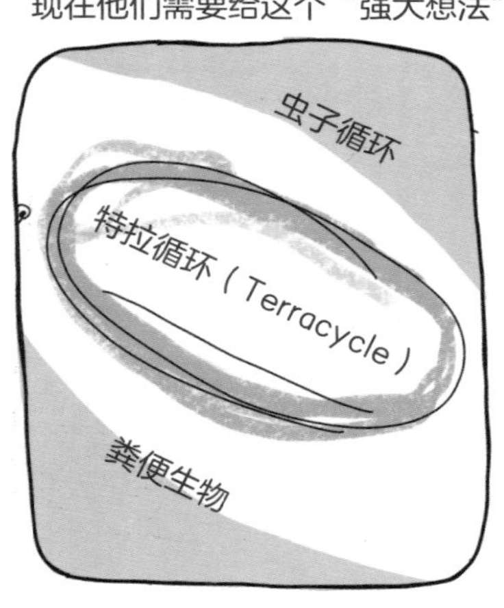

接着，滴答滴答，3个月时间过去了。汤姆和乔恩购买了所有必要的材料，然后就开始生产有机肥料了。

他们当时仍在普林斯顿，在普林斯顿大学的一间宿舍里！

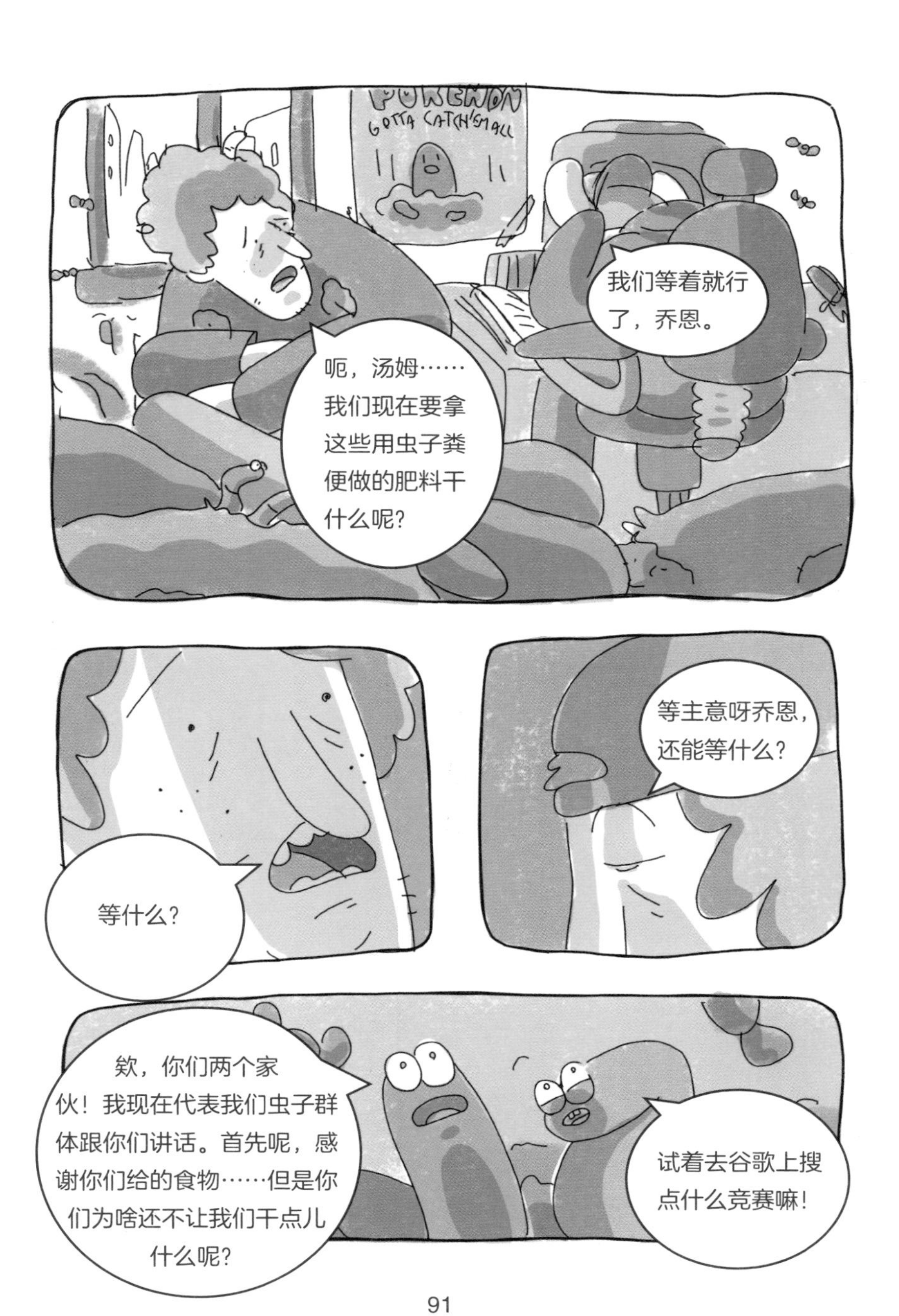
POKEMON
GOTTA CATCH'EM ALL
我们等着就行了，乔恩。
呃，汤姆……我们现在要拿这些用虫子粪便做的肥料干什么呢？
等什么？
等主意呀乔恩，还能等什么？
欸，你们两个家伙！我现在代表我们虫子群体跟你们讲话。首先呢，感谢你们给的食物……但是你们为啥还不让我们干点儿什么呢？
试着去谷歌上搜点什么竞赛嘛！

当然啦，总是能从互联网上找到办法！

嘿，接着往下读呀。
你看到奖励了吗？
一百万美元。
真的假的？
一百万美元奖金听起来像是一个很棒的参赛理由，你们觉得呢？
19岁的他们，宿舍里堆着虫子粪便，还身负两万美元的债务。

颁奖典礼当天

750位参与者当中只有一位能成为大赢家。但这750名后起之秀全都志在必得，人人都像是一百万美元已经落入自己的口袋了一般。

你倒是挺淡定嘛，汤姆……

女士们先生们，下面让我们欢迎汤姆和乔恩，欢迎他们为大家带来的虫子粪便！

我受不了了
乔恩，我要
走了！
嗯？再等一
会儿嘛……
那是……

免费自助餐！

一桌桌的美食，而且全都不
用花钱！

好吧……也许我们可
以再多待……就一会
儿哦，乔恩……

生活有时真像是一块
辣味香肠比萨呀。

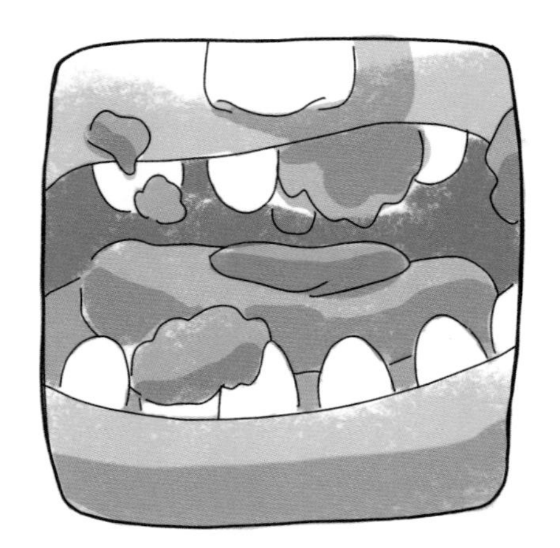

本届大赛的获胜者是……

特拉循环
汤姆与乔恩的特拉循环！快来吧，孩子们，快来领取属于你们的一百万美元！

噗！
汤……汤姆……他在叫我们的名字耶，我们获奖了。

快来呀，小
伙子们！到
舞台上来！
汤姆，把嘴擦
干净，他在叫
我们呢！

哇，恭喜你
们呀！你们应该
明白我刚刚只是
开个玩笑，
对吧？
当然了，朋友，
来击个掌！

哈哈哈！
行了汤姆，别跟
他废话了。这会
儿该我们去享受
成功的喜悦啦！

突然间汤姆和乔恩对
商业也产生了兴趣。
小伙子们，好样的！
就是这一间
屋子吗？
我感觉不
是呢。
嘿，汤姆，门外站
着几个西装革履的
人。你觉得他们是
来送钱的吗？我要
开门啦……

弗雷德（Fred），你这不是明知故问嘛……
小伙子你们好啊！你们是汤姆和乔恩吗？

TOM & JON

正是货真价实的本人。欢迎来到我们特拉循环的办公室！

我就是汤姆，这是我的同事乔恩，你们有何贵干呀？

呃……你们是为了奖金的事而来的吗？

是的是的，我们就是为了投资事宜而来的。

但在那之前还有几件事情想跟你们说一下。

如今大家都需要进军市场，因为市场能够带来利润……

关键在于，你们现在需要几十个愿意免费劳动的志愿者提供帮助才能够生产出肥料，这样太依赖人们的善意了……你们知道亚当·斯密曾经说过什么吗？

我想我们已经讨论过这个问题了，记得吗？“我们期望的晚餐并非来自屠夫、酿酒师或是面包师的恩惠，而是来自他们对自身利益的特别关注……”

来呀，小伙子们！
如果把虫子粪便制成化学肥料，我们大家就可以赚更多的钱了。
呃……就是，我也不知道……
你胡言乱语些什么呢，乔恩，快离开那里！
呜哇！
不行，还没到你走的时候，呜哇！
在干什么呢……

靠着人们的仁慈，
你将永远无法取得
任何成就！
嘎！
别管什么
生态了！
人们厌恶
虫子！
1 MILLION
还等什么呢？
只要你说一句：
“好”，乔恩，快
把你的手伸过来！

你要是不接受的话，你就再也见不到这么多钱了！

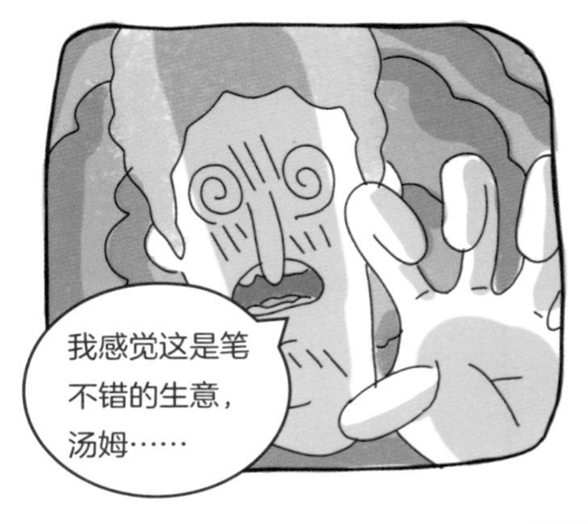
我感觉这是笔不错的生意，汤姆……

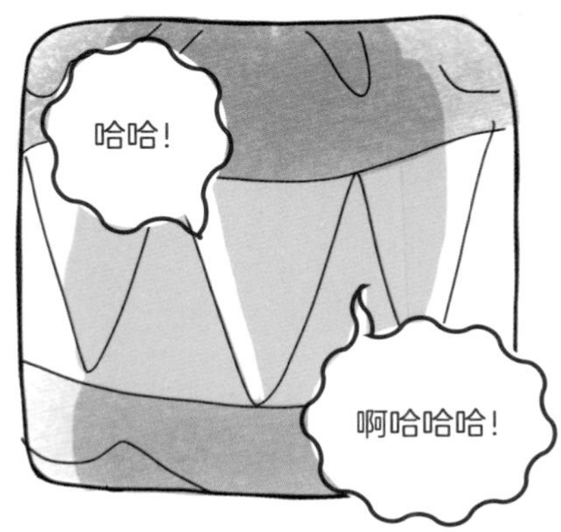
哈哈！
啊哈哈哈！

真棒，乔恩，给！

不行！
砰！

干什么呢你？你刚刚拒绝了一百万美元……我们本来可以一辈子衣食无忧的！

我明白，乔恩，我全都明白……

但他们想让我们背弃理想啊！如果这些就是条件的话，我是不会同意的。我们这个项目正是基于对自然环境的尊重才成立的。那些钱我们会再赚回来的，乔恩，等着瞧吧！

又过了几天，汤姆和乔恩就留在办公室里，在粪便堆里制肥。
虫子的粪便越堆越高。
啊！好多粪便！
堆到了膝盖那么高。
乔恩，现在怎么办啊？
什么都不用做，汤姆。等你脑子里蹦出另一个“绝妙”想法就行了。
堆到了肩头那么高。

我们怎么陷入现在这个境地了呢？
这是肯定的啊，汤姆，谁会买我们这些虫子粪便呢！
对噢！乔恩，这正是问题的关键所在，如果卖都没人卖，那显然也不可能有人买啊！
于是他们开始给所有的大型连锁超市打电话。
喂，您好，请问您需要虫子粪便吗？
喂，您好，这里是特拉循环公司！请问您听说过吗？
这个产品很安全的，呃……一袋也不要吗？
好臭啊，天哪，待在这里简直没法呼吸！
我们确实也没有肥料了，所以你们有什么产品呢？……喂？

100%纯天然？好吧，这下你们真是让我动心了！你们能卖给我10 000包吗？
嗯……好的……当然可以！
太棒了！那我们一个月后见，谢啦，小伙子们！
行吧，让我们来看看他们怎么应付这笔订单！
加把劲乔恩，这工作量太大了，我们得买些塑料盆回来……
你不记得言行一致主题演讲的结尾是怎么说的了？我们必须得想别的办法，汤姆。
好吧，言行一致！

在搞定这件事后，汤姆和乔恩就只剩下一件事要做了。当晚……

你全都听明白了吧，乔恩？
听明白了。

好的，那我们出发吧！按计划行事……

我会的……但我还是觉得这个主意很蠢！再说了，这些面具又有什么用？
用来掩盖我们的身份啊，这是我从一部电影里学的……
有时恐慌会让你做出一些奇怪的举动……

……比如说在垃圾堆里翻找用来装肥料的空瓶子。

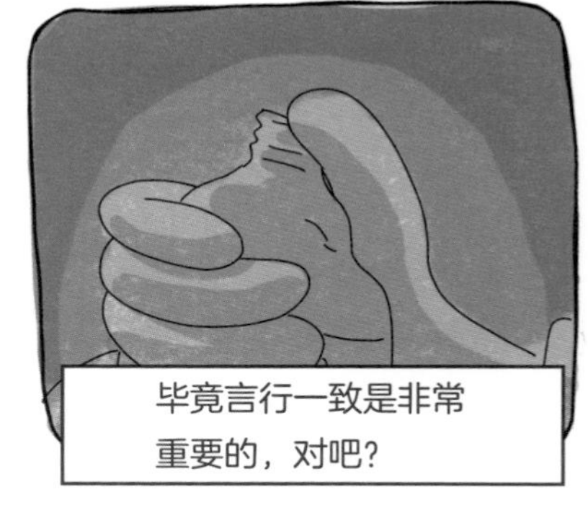

毕竟言行一致是非常重要的，对吧？

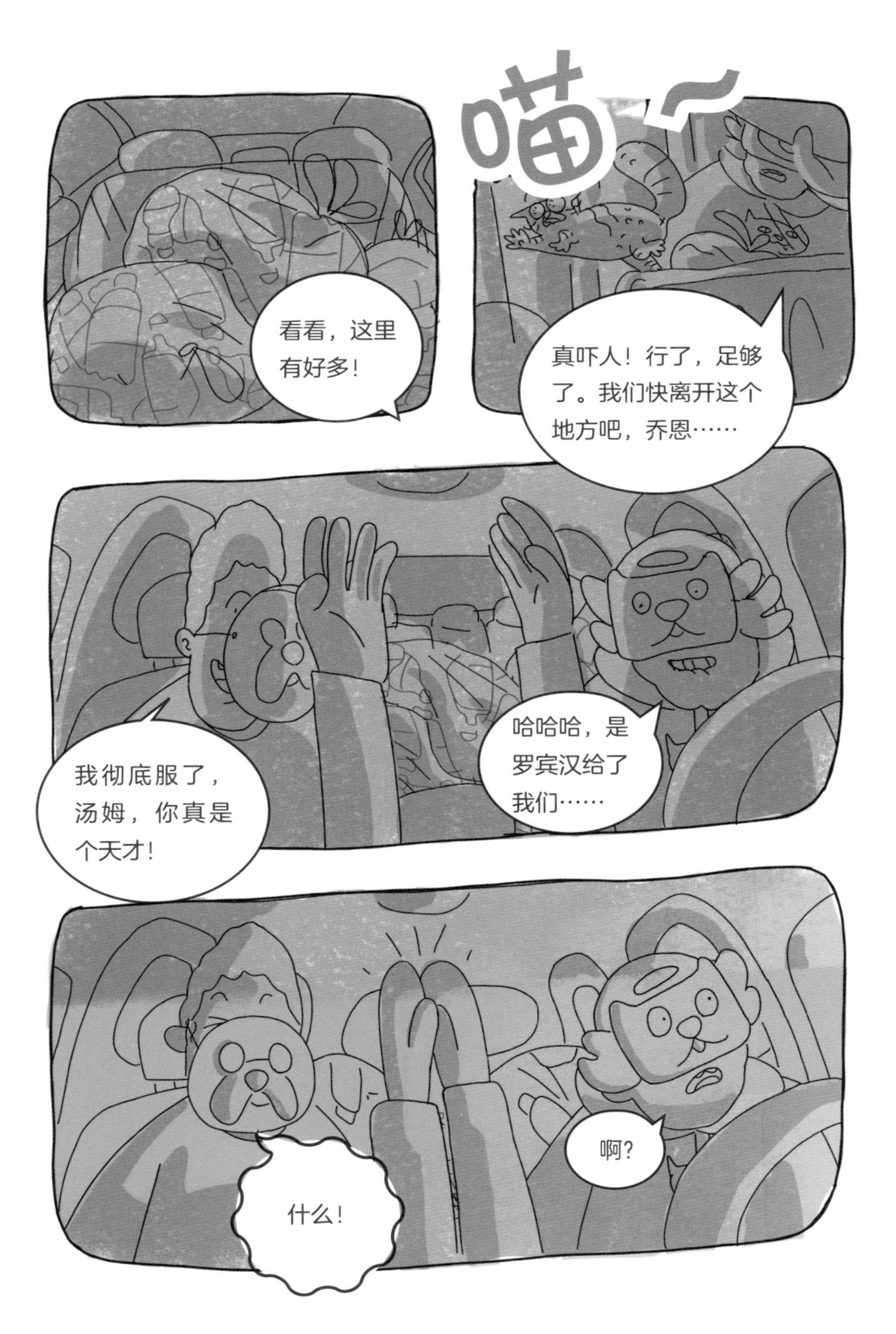

喵~
看看，这里有好多！
真吓人！行了，足够了。我们快离开这个地方吧，乔恩……
我彻底服了，汤姆，你真是个天才！
哈哈哈，是罗宾汉给了我们……
什么！
啊？

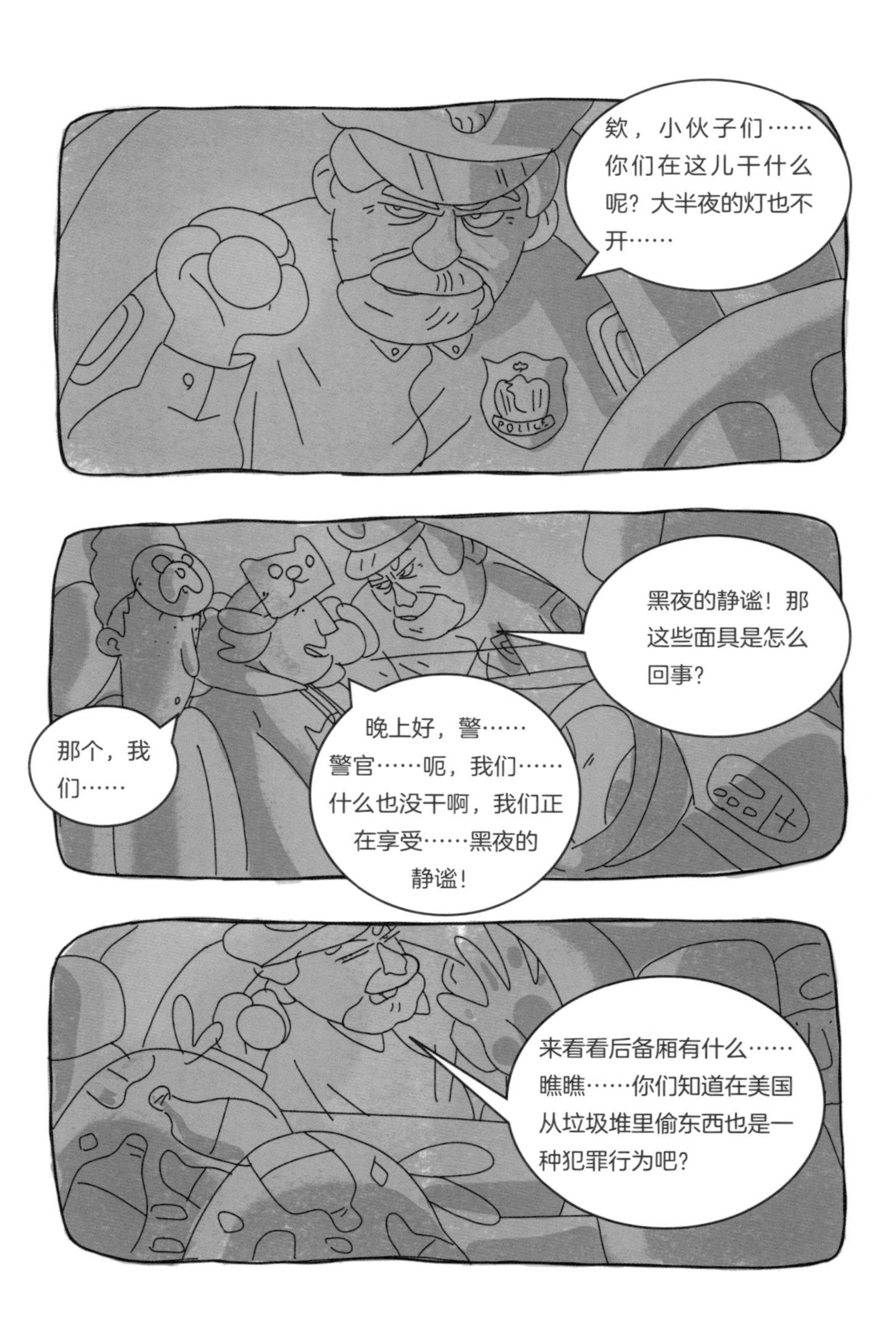
欸，小伙子们……你们在这儿干什么呢？大半夜的灯也不开……
那个，我们……
晚上好，警……警官……呃，我们……什么也没干啊，我们正在享受……黑夜的静谧！
黑夜的静谧！那这些面具是怎么回事？
来看看后备厢有什么……瞧瞧……你们知道在美国从垃圾堆里偷东西也是一种犯罪行为吧？
POLICE

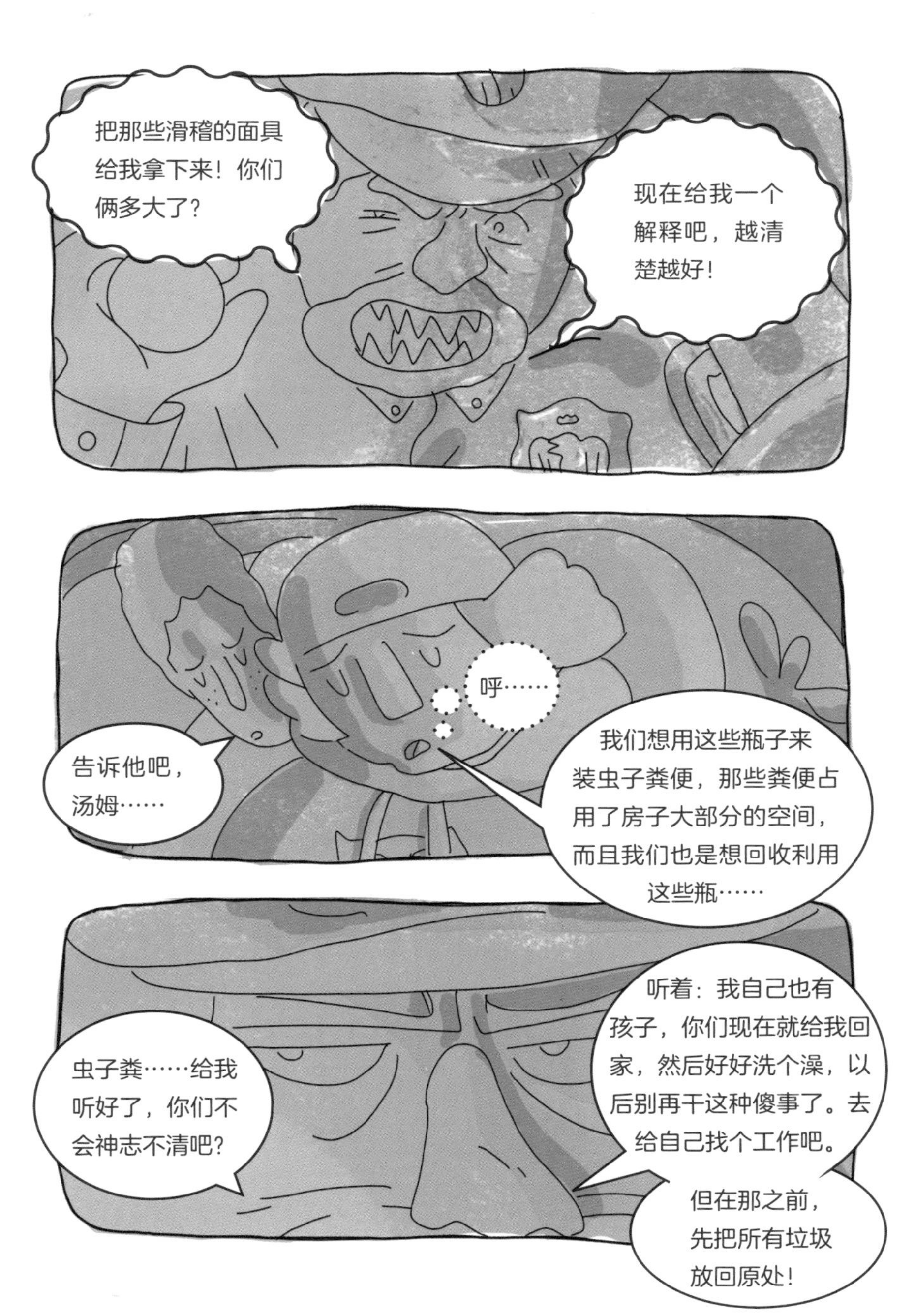
把那些滑稽的面具给我拿下来！你们俩多大了?
现在给我一个解释吧，越清楚越好！
告诉他吧，汤姆……
呼……
我们想用这些瓶子来装虫子粪便，那些粪便占用了房子大部分的空间，而且我们也是想回收利用这些瓶……
虫子粪……给我听好了，你们不会神志不清吧?
听着：我自己也有孩子，你们现在就给我回家，然后好好洗个澡，以后别再干这种傻事了。去给自己找个工作吧。
但在那之前，先把所有垃圾放回原处！

他们才19岁，在那个年纪，人们看待事物都是非黑即白的，都是与自己有关或无关的。
干得好，汤姆！

你好，我们是汤姆和乔恩。你愿意将废弃的塑料瓶提供给我们吗？我们是一家刚刚起步的公司，若是能够得到你的帮助，我们将不胜感激！
我们的联系地址是普林斯顿大学（9号宿舍），感谢！

真聪明，对吧？

他们将纸板箱和传单放置在城市的各个角落。

直到某个周日

咚咚咚
谁啊？难道又是来谈化肥生意的吗？
早上好，先生们，我在我的包上发现了你们贴的传单，所以就给你们带来了一些瓶子。
哇哦。
我真是惊呆了，汤姆！那个方法居然成功了……

那个小男孩身后还排着一条长长的队伍！几十个人，全都拿着装满塑料瓶或食物垃圾的麻袋。故事来到三个星期后。他们终于设法将10 553包特拉循环的肥料装进了瓶子里。

他们成功了！没过多久，这个消息就登上了报纸的头版。
“特拉循环：美国最可爱的小型初创公司”。
汤姆和乔恩真棒！
从此，他们的事业蒸蒸日上，不仅拥有了真正的办公室，而且还吸引了一批员工。
后来带着箱子到访他们公司的人也越来越多了。如今的特拉循环是一家拥有125名员工的企业，其年营业额达到了2000万美元，在20个国家拥有超过20.3万名志愿者。迄今为止，他们收集了超过77亿件废弃物品，向学校和非政府组织捐赠了超过4500万美元。

那么似乎也没有
一败涂地嘛！

这一次，除了亚当·斯
密的言论……

……杰诺维西的言论
也有人听进去了。

我们看看他
说了什么。

“人就像一棵棵的葡萄树，你我之间相互帮衬着，这就是幸福的秘诀。任何人都不仅仅只是着眼于自己，这就叫作人性。”

互帮互助。人性。友谊。
这些是杰诺维西思想的基本原则。
仔细想想，这种想法其实也存在于自然界中，比如植物身上。
当然啦，它们那可不能叫作人性……毕竟通人性的树只会存在于电影里……就像《指环王》（*The Lord of the Rings*）里那样。
嘿，你觉得他们是在谈论我们吗？
嗯？反正他们肯定不是在谈论你的树枝有多漂亮。

总而言之，我们现在要谈论的是……植物！
更确切地说，我要让该领域的专家来讲这个东西。
她是一位专注于环境科学和自然科学领域研究的研究员。
大家好！
为了更好地为大家解释这个概念，我想从基础内容讲起……

有人说，千万不能把两棵树种在一起。因为他们会为了水和食物而斗争。

如果两棵树靠得太近，就必须把相对矮小的那棵树砍掉，让另一棵更加粗壮的树茁壮生长！

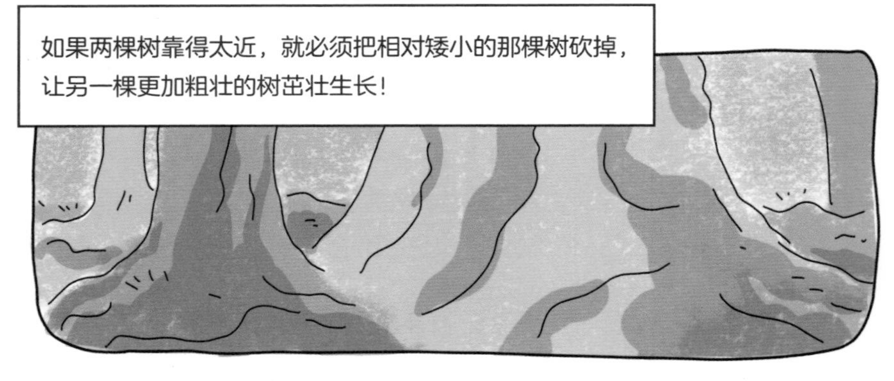

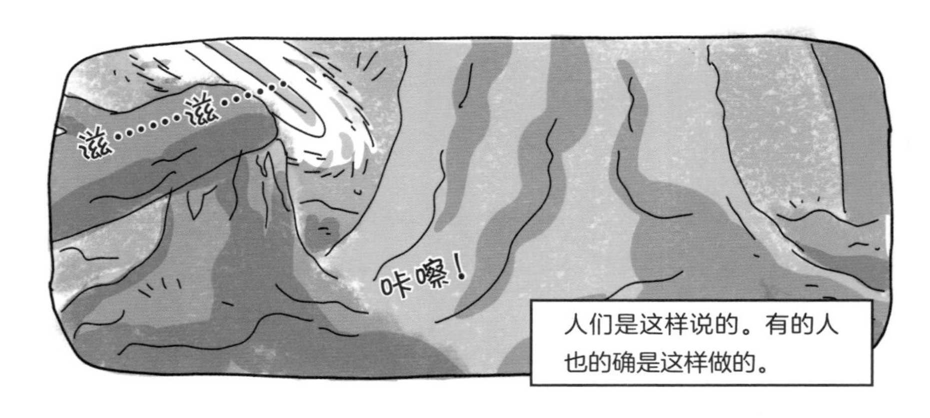

人们是这样说的。有的人也的确是这样做的。

好吧，其实那都是假的。事实是它们能够相互帮助，可以通过根部交换营养物质。

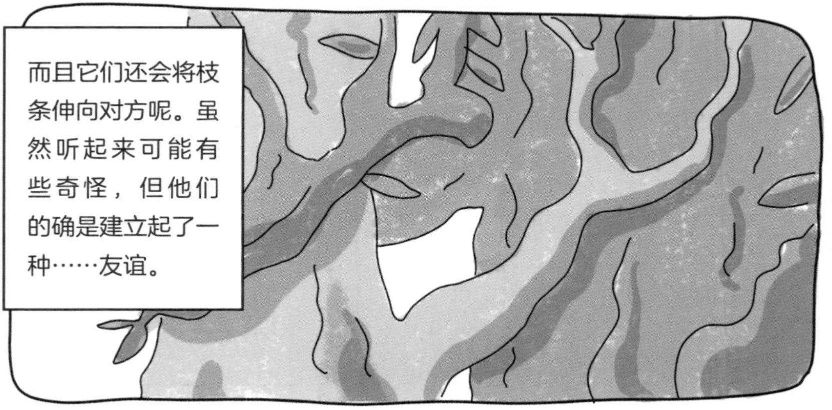
而且它们还会将枝条伸向对方呢。虽然听起来可能有些奇怪，但他们的确是建立起了一种……友谊。

即使在漫长的进化过程中树木并没能拥有意识，但它们依然懂得一个道理——众人拾柴火焰高。

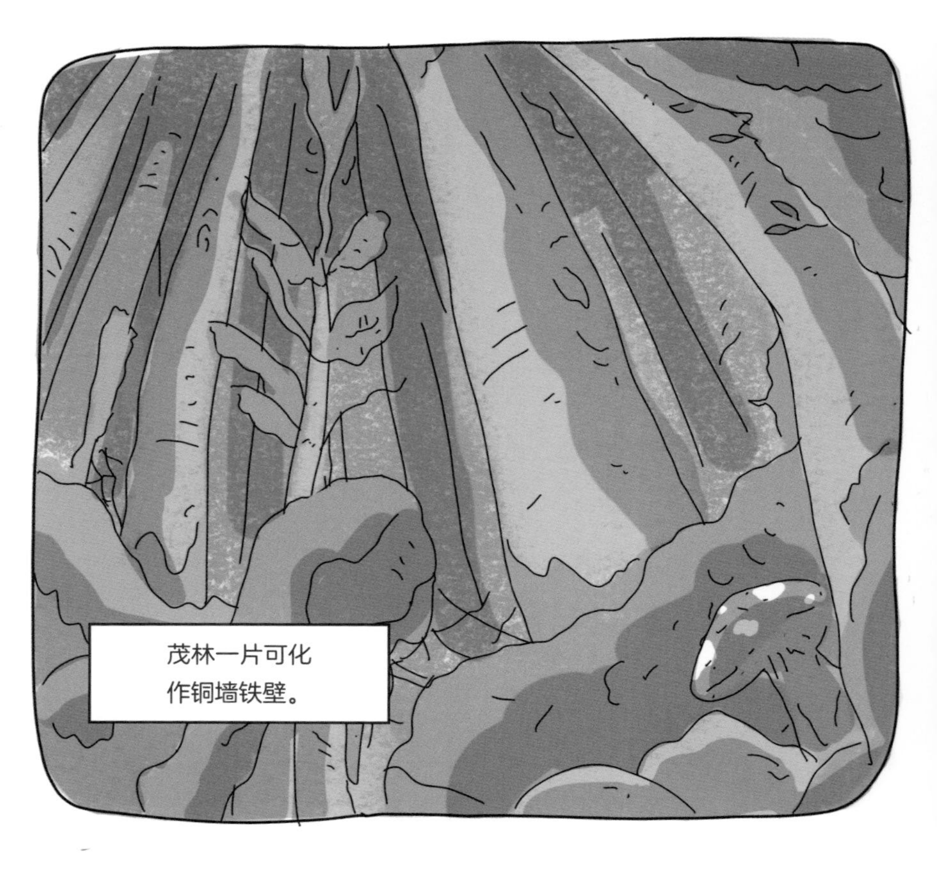
茂林一片可化
作铜墙铁壁。

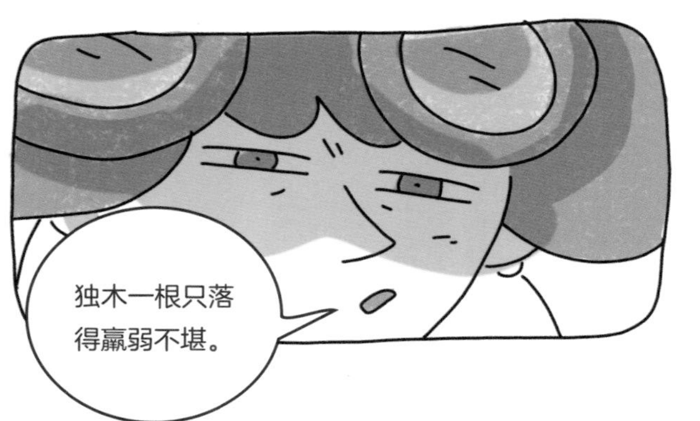
独木一根只落
得羸弱不堪。

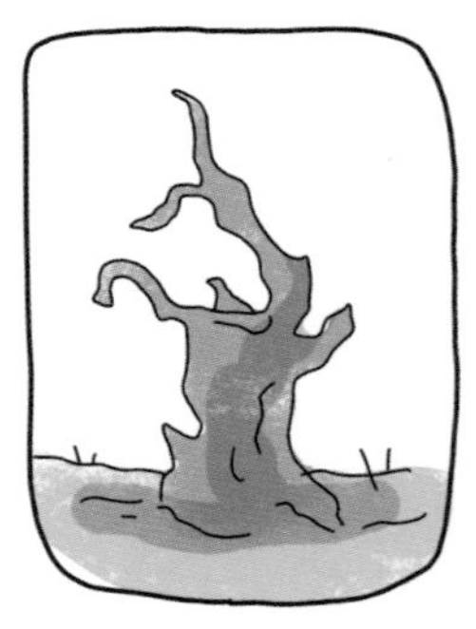

终将奄奄一息。

如今，我们更应该付出前所未有的努力来保护植物免遭人类利己主义的伤害。

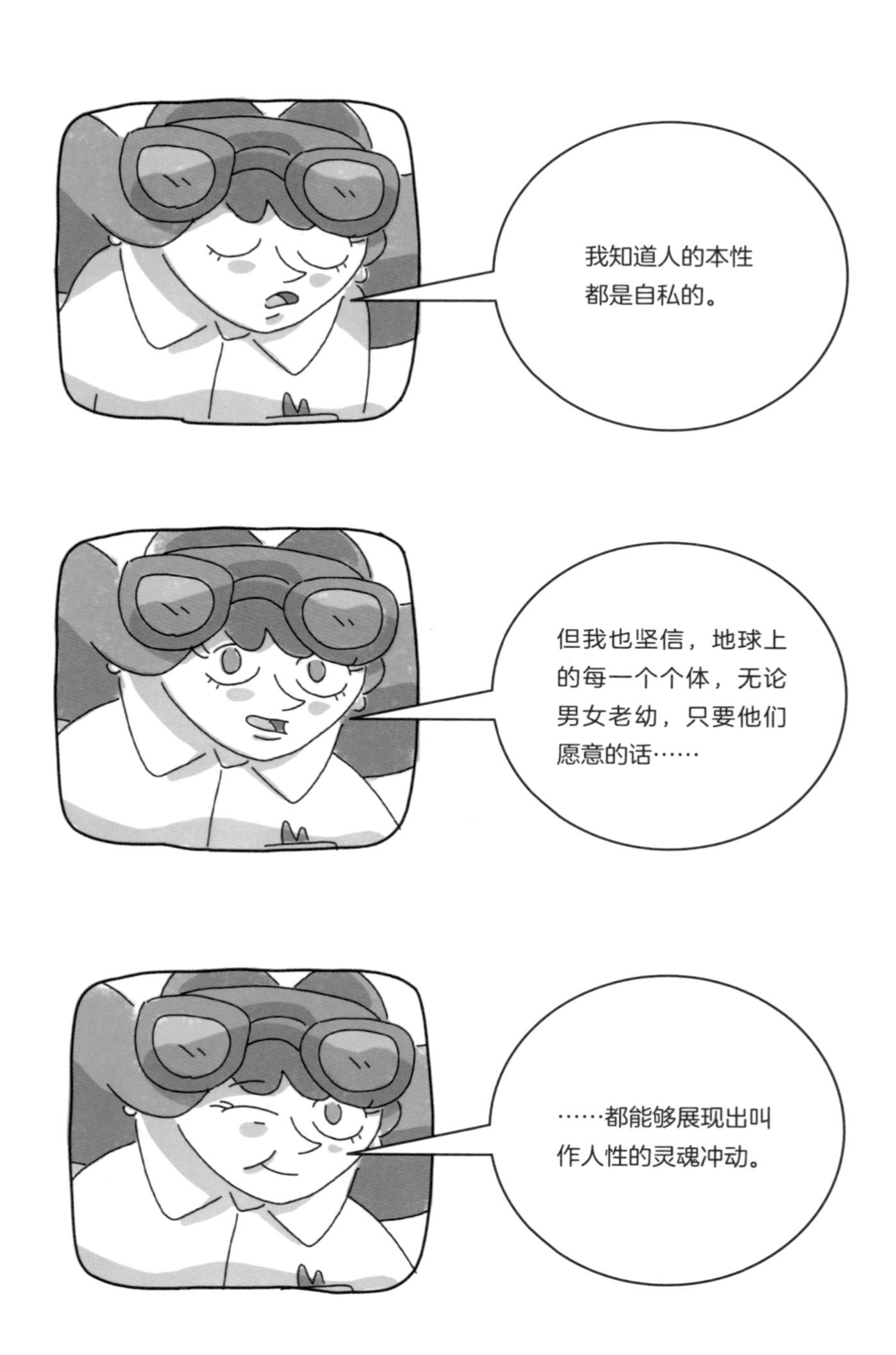
我知道人的本性
都是自私的。
但我也坚信，地球上
的每一个个体，无论
男女老幼，只要他们
愿意的话……
……都能够展现出叫
作人性的灵魂冲动。

谁知道这个想法是否也能在经济领域发挥作用呢？当然啦，我也明白把金钱和人性联系到一起似乎是痴心妄想的事。

不过要是你能仔细想想……

它的确是一种很
强大的想法呢！

请坚守你的人性
中善的一面。